从零开始

神龙工作室 策划　教传艳 主编

Excel 2016
办公应用基础教程

人民邮电出版社
北京

图书在版编目（CIP）数据

Excel 2016办公应用基础教程 / 神龙工作室策划 ；
教传艳主编. -- 北京 ：人民邮电出版社，2020.5
　　（从零开始）
　　ISBN 978-7-115-52491-1

　　Ⅰ. ①E… Ⅱ. ①神… ②教… Ⅲ. ①表处理软件－教
材 Ⅳ. ①TP391.13

中国版本图书馆CIP数据核字(2020)第034410号

内 容 提 要

　　本书是指导初学者学习 Excel 2016 的入门书籍。本书详细地介绍了 Excel 2016 的基础知识和操作技巧，对初学者在使用 Excel 2016 时经常遇到的问题进行了专家级的指导，以免初学者在起步的过程中走弯路。全书共 10 章，分别为 Excel 基础入门、编辑工作表、美化工作表、使用图形对象、公式与函数、管理数据、使用图表、数据透视分析、数据模拟分析、页面设置与打印等内容。

　　本书附赠内容丰富、实用的教学资源，读者可关注公众号"职场研究社"获取资源下载方法。教学资源包含 143 集与本书内容同步的视频讲解、本书案例的素材文件和结果文件、教学 PPT 课件、900 套 Word/Excel/PPT 2016 实用模板、300 页 Excel 函数与公式使用详解电子书等内容。

　　本书既适合 Excel 2016 初学者阅读，又可以作为大中专院校或者各类企业的培训教材，同时对有一定经验的 Excel 使用者也有很高的参考价值。

◆ 策　　划　神龙工作室
　　主　　编　教传艳
　　责任编辑　马雪伶
　　责任印制　马振武

◆ 人民邮电出版社出版发行　　北京市丰台区成寿寺路 11 号
　　邮编　100164　　电子邮件　315@ptpress.com.cn
　　网址　http://www.ptpress.com.cn
　　山东华立印务有限公司印刷

◆ 开本：787×1092　1/16
　　印张：16
　　字数：410 千字　　　　　　　　　　2020 年 5 月第 1 版
　　印数：1 – 2 600 册　　　　　　　　2020 年 5 月山东第 1 次印刷

定价：49.80 元

前　言

Excel 2016是一款专业的电子表格制作与数据处理、分析软件，集生成电子表格、输入数据、函数计算、数据管理与分析、制作图表/报表等功能于一体，被广泛应用于文秘办公、财务管理、市场营销和行政管理等领域。为了满足广大读者的需要，我们针对不同学习对象对知识的掌握能力，总结了多位Excel高手、数据分析师及表格设计师的经验，精心编写了本书。

🕐 教学特点

本书采用"课前导读→课堂讲解→课堂实训→常见疑难问题解析→课后习题"五段教学法，激发读者的学习兴趣，细致讲解理论知识，重点训练动手能力，有针对性地解答常见问题，并通过课后练习帮助读者强化、巩固所学的知识和技能。

◎ 课前导读：介绍本章相关知识点会应用于哪些实际情况，以及学完本章内容后读者可以做什么，帮助读者了解本章知识点在办公中的作用，以及学习这些知识点的必要性和重要性。

◎ 课堂讲解：深入浅出地讲解理论知识，理论内容的设计以"必需、够用"为度，强调"应用"，着重实际训练，配合经典实例介绍如何在实际工作当中灵活应用这些知识点。

◎ 课堂实训：紧密结合课堂讲解的内容给出操作要求，并提供适当的操作思路以及专业背景知识供读者参考，要求读者独立完成操作，以充分训练读者的动手能力，并提高其独立完成任务的能力。

◎ 常见疑难问题解析：我们根据十多年的教学经验，精选出读者在理论学习和实际操作中经常会遇到的问题并进行答疑解惑，以帮助读者吃透理论知识并掌握其应用方法。

◎ 课后习题：结合每章内容给出难度适中的习题操作，读者可通过练习，巩固所学知识，达到温故而知新的效果。

🔍 教学内容

本书教学目标是循序渐进地帮助读者掌握在办公中要用到的相关知识，让他们能使用Excel办公并完成相关工作。全书共有10章，可分为4部分，具体内容如下。

◎ 第1部分（第1~3章）：主要讲解Excel基本操作的相关知识，如新建Excel工作簿、编辑工作表和美化工作表等。

◎ 第2部分（第4~7章）：主要讲解Excel的高级应用，如使用图形对象、使用函数与公式、管理数据、使用图表等。

◎ 第3部分（第8~9章）：主要讲解Excel数据分析的知识，如数据透视分析和数据模拟分析等。

◎ 第4部分（第10章）：主要讲解Excel数据输出的知识，如页面设置与打印等。

说明：本书以Excel 2016版本为例，在讲解时如使用"在【开始】选项卡→【字体】组中……"则表示在"开始"选项卡的"字体"组中进行相应设置。

📓 教学资源

◎ 关注"职场研究社"公众号，回复"52491"，获取本书配套教学资源的下载方式。

◎ 在教学资源主界面中单击相应的内容即可开始学习。教学资源包含143集与本书内容同步的视频讲解、本书案例的素材文件和结果文件、教学PPT课件、900套Word/Excel/PPT 2016实用模板、300页Excel函数与公式使用详解电子书等。

本书由神龙工作室策划，教传艳主编，参与资料收集和整理工作的有孙冬梅、张学等。由于时间仓促，书中难免有疏漏和不妥之处，恳请广大读者不吝批评指正。

本书责任编辑的联系邮箱：maxueling@ptpress.com.cn。

编 者

目　录

第 1 章
Excel基础入门

本章内容简介

  员工信息明细表是人力资源管理中的基础表格之一。好的员工信息明细表，有利于实现员工基本信息的管理和更新，有利于实现员工工资的调整和发放，以及各类报表的绘制和输出。本章以制作员工明细表为例，介绍如何进行工作簿和工作表的基本操作。

学完本章我能做什么

  要学习 Excel，首先要分清什么是工作簿，什么是工作表，工作簿和工作表之间是一种什么样的关联关系；其次还要懂得工作簿与工作表一些基本的创建、保存等操作。

学习目标

 ▶ **工作簿与工作表的关系**

 ▶ **工作簿的基本操作**

 ▶ **工作表的基本操作**

1.1　工作簿与工作表的关系

在实际工作中，虽然大家都在用Excel，但是说实话，还是有很多人分不清工作簿和工作表。

一般来讲，一项工作业务只需创建一个工作簿即可。例如，如果你是做人力资源工作的，你可以创建一个人力资源的工作簿；如果你是做销售内勤工作的，你需要创建一个销售管理的工作簿。工作簿是不能直接管理数据的，它负责管理工作表。一个工作簿中可以创建多个工作表，工作表是用来管理数据的，根据工作需要，一个工作簿需要创建或生成多个工作表。

通俗点说，工作簿就像一个文件夹，工作表就是文件夹中的各类办公文件，单元格中的内容就是文件的具体内容。

如图1.1-1所示，"人力资源"是工作簿，"员工基本信息表"是工作簿中的一个工作表。

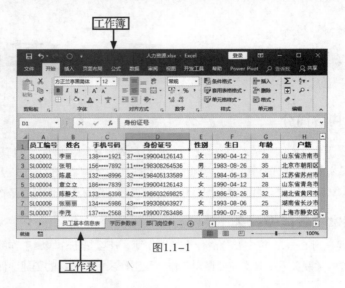

图1.1-1

1.2　工作簿的基本操作

要使用Excel，首先必须学会创建、命名、保存工作簿，虽然我们的数据是在工作表中编辑的，但是工作表是必须依附于工作簿才能存在的。

1.2.1　新建工作簿

1.　新建空白工作簿

启动Excel 2016程序后，用户可以根据需要新建一个空白工作簿，也可以创建一个基于模板的工作簿，如图1.2-1、图1.2-2所示。

图1.2-1

图1.2-2

2. 创建基于模板的工作簿

在Excel 2016中，为了方便用户创建一些有固定模式的工作表，系统还为用户提供了多种模板，用户可以直接创建基于模板的工作簿，这样一般只需要填写数据就可以了。

创建基于模板的工作簿同样需要先启动Excel 2016，然后在弹出的Excel 2016界面中的搜索框中输入要创建模板的关键字，例如输入"课程表"，单击搜索框后面的查找按钮，即可检索出所有的课程表模板，如图1.2-3所示。

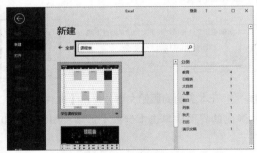

图1.2-3

单击其中一个合适的模板，即可打开模板的创建界面，如图1.2-4所示。

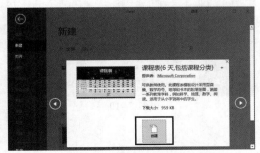

图1.2-4

单击【创建】按钮，即可创建一个基于课程表模板的工作簿，如图1.2-5所示。

图1.2-5

1.2.2 保存工作簿

创建或编辑工作簿后，需要对工作簿进行保存，以便将最新的修改结果储存到电脑中。保存工作簿可以分为保存新建的工作簿、保存已有的工作簿和自动保存工作簿（即另存为、保存和自动保存）3种情况。

1. 保存新建的工作簿

新建的工作簿尚未保存在电脑中，工作簿的名称和位置尚未确定，所以保存新建的工作簿执行的其实是另存为的操作，具体操作步骤如下。

❶ 新建一个空白工作簿，单击【文件】按钮，在弹出的界面中选择【另存为】选项，如图1.2-6所示。

图1.2-6

❷ 在【另存为】界面上单击【浏览】按钮，然后在弹出的【另存为】对话框左侧的【此电脑】列表框中选择保存位置，在【文件名】文本框中输入文件名"人力资源"，如图1.2-7所示。

图1.2-7

❸ 设置完毕，单击【保存】按钮，即可将空白工作簿以"人力资源"的名称保存在指定位置，如图1.2-8所示。

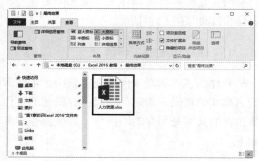

图1.2-8

2. 保存已有的工作簿

如果用户对已有的工作簿进行了编辑操作，也需要进行保存。对于已存在的工作簿，用户既可以将其保存在原来的位置，也可以将其保存在其他位置。

如果用户对工作簿编辑完成后，需要将其保存在原来的位置，可以单击【文件】按钮，在弹出的界面中单击【保存】选项，如图1.2-9所示。

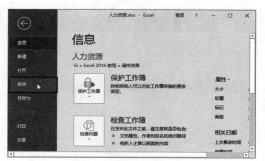

图1.2-9

> 提示：保存工作簿时，用户还可以使用快速访问工具栏中的【保存】按钮或者直接按【Ctrl】+【S】组合键，快速保存工作簿。

3. 自动保存工作簿

使用 Excel 提供的自动保存功能，让 Excel 每隔一段时间就保存一次打开的工作簿，这样可以在突然断电或者电脑死机的情况下，使用 Excel 最近一次自动保存的工作簿继续工作。

设置工作簿自动保存的具体步骤如下，请扫描二维码观看。

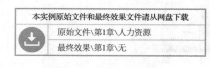

本实例原始文件和最终效果文件请从网盘下载
原始文件\第1章\人力资源
最终效果\第1章\无
扫码看视频

❶ 打开本实例的原始文件，单击【文件】按钮，从弹出的界面中单击【选项】选项，如图1.2-10所示。

图1.2-10

❷ 弹出【Excel 选项】对话框，切换到【保存】选项卡，在【保存工作簿】组合框中选中【保存自动恢复信息时间间隔】复选框，并在其右侧的微调框中设置为"5分钟"。设置完毕，单击【确定】按钮即可，如图1.2-11所示。以后系统就会每隔5分钟自动将该工作簿保存一次。

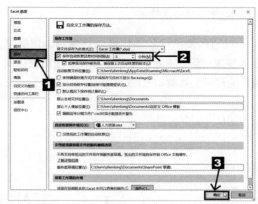

图1.2-11

1.3　课堂实训——制作"产品库存"工作簿

工作簿的操作在Excel 2016中最基本且很重要，熟悉这些操作可在实际工作中提高工作效率。下面将通过制作"产品库存"工作簿来巩固工作簿的新建、保存等操作。

专业背景

产品库存表能够有效并且清晰地展现目前已有产品的规格、数量以及价格等产品要素，包含有产品编号、产品名称、单价、现有库存等数据。

实训目的

◎ 掌握工作簿的创建
◎ 掌握如何保存工作簿

本实例原始文件和最终效果文件请从网盘下载
原始文件\第1章\无
最终效果\第1章\产品库存

扫码看视频

操作思路

1. 通过【开始】菜单创建空白工作簿

要求通过【开始】菜单创建一个空白工作簿，完成后的效果如图1.3-1所示。

图1.3-1

2. 保存新工作簿

通过【文件】菜单中的【另存为】选项，将新工作簿以"产品库存"的名称保存在指定文件夹中，完成后的效果如图1.3-2所示。

图1.3-2

3. 保存已有工作簿

对"产品库存"工作簿进行编辑,然后单击【快速访问工具栏】中的【保存】按钮进行保存,完成后的效果如图1.3-3所示。

图1.3-3

1.4 工作表的基本操作

工作表是Excel的基本单位,用户可以对其进行插入或删除、隐藏或显示、移动或复制、重命名、设置工作表标签颜色、保护工作表等基本操作。

1.4.1 插入或删除工作表

工作表是工作簿的组成部分,每个新工作簿中默认包含1个工作表"Sheet1"。用户可以根据需要插入或删除工作表。

本实例原始文件和最终效果文件请从网盘下载

原始文件\第1章\人力资源01

最终效果\第1章\人力资源02

扫码看视频

1. 插入工作表

在工作簿中插入工作表的具体步骤如下。

❶ 打开本实例的原始文件,在工作表标签"Sheet1"上单击鼠标右键,然后从弹出的快捷菜单中选择【插入】菜单项,如图1.4-1所示。

图1.4-1

❷ 弹出【插入】对话框,切换到【常用】选项卡,然后选择【工作表】选项,如图1.4-2所示。

图1.4-2

❸ 单击【确定】按钮,即可在当前工作表"Sheet1"的左侧插入一个新的工作表"Sheet2",如图1.4-3所示。

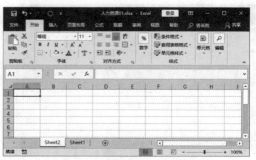

图1.4-3

❹　除此之外，用户还可以在工作表列表区的右侧单击【插入工作表】按钮⊕，在当前活动工作表的右侧插入新的工作表，如图1.4-4所示。

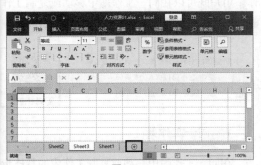

图1.4-4

2.　删除工作表

删除工作表的操作非常简单，选中要删除的工作表标签，然后单击鼠标右键，在弹出的快捷菜单中选择【删除】菜单项即可，如图1.4-5所示，删除后的效果如图1.4-6所示。

图1.4-5

图1.4-6

1.4.2　隐藏或显示工作表

为了防止别人查看工作表中的数据，用户可将工作表隐藏起来，当需要时再将其显示出来。

本实例原始文件和最终效果文件请从网盘下载
原始文件\第1章\人力资源02
最终效果\第1章\人力资源03

扫码看视频

1.　隐藏工作表

隐藏工作表的具体步骤如下。

❶　打开本实例的原始文件，选中要隐藏的工作表标签"Sheet1"，单击鼠标右键，在弹出的快捷菜单中选择【隐藏】菜单项，如图1.4-7所示。

图1.4-7

❷　此时工作表"Sheet1"就被隐藏起来，如图1.4-8所示。

图1.4-8

2. 显示工作表

当用户想查看某个隐藏的工作表时，需要首先将它显示出来，具体的操作步骤如下。

❶ 在任意一个工作表标签上单击鼠标右键，在弹出的快捷菜单中选择【取消隐藏】菜单项，如图1.4-9所示。

图1.4-9

❷ 弹出【取消隐藏】对话框，在【取消隐藏工作表】列表框中选择要显示的隐藏工作表"Sheet1"，如图1.4-10所示。

图1.4-10

❸ 单击【确定】按钮，即可将隐藏的工作表Sheet1显示出来，如图1.4-11所示。

图1.4-11

1.4.3　移动或复制工作表

移动或复制工作表是日常办公中常用的操作。用户既可以在同一工作簿中移动或复制工作表，也可以在不同工作簿中移动或复制工作表。

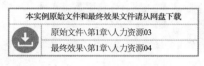

本实例原始文件和最终效果文件请从网盘下载
原始文件\第1章\人力资源03
最终效果\第1章\人力资源04

扫码看视频

1. 同一工作簿

在同一工作簿中移动或复制工作表的具体步骤如下。

❶ 打开本实例的原始文件，在工作表标签"Sheet1"上单击鼠标右键，在弹出的快捷菜单中选择【移动或复制】菜单项，如图1.4-12所示。

图1.4-12

❷ 弹出【移动或复制工作表】对话框，在【将选定工作表移至工作簿】下拉列表中默认选择当前工作簿【人力资源03.xlsx】选项，在【下列选定工作表之前】列表框中选择【移至最后】选项，然后勾选【建立副本】复选框，如图1.4-13所示。

图1.4-13

❸　单击【确定】按钮，此时工作表"Sheet1"就被复制到了最后，并建立了副本"Sheet1（2）"，如图1.4-14所示。

图1.4-14

2. 不同工作簿

在不同工作簿中移动或复制工作表的方法也很简单，下边以将"人力资源03"工作簿中的"Sheet1（2）"工作表移动到"员工信息管理"工作簿为例进行介绍，具体步骤如下。

❶　打开"员工信息管理"和"人力资源03"工作簿，在"人力资源03"工作簿的"Sheet1（2）"工作表标签上单击鼠标右键，在弹出的快捷菜单中选择【移动或复制】菜单项，如图1.4-15所示。

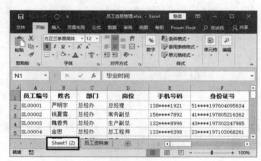

图1.4-15

❷　弹出【移动或复制工作表】对话框，在【将选定工作表移至工作簿】下拉列表中选择【员工信息管理.xlsx】选项，然后在【下列选定工作表之前】列表框中选择【员工资料表】选项，如图1.4-16所示。

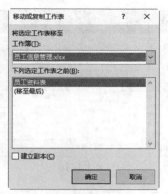

图1.4-16

❸　单击【确定】按钮，此时，工作簿"人力资源03"中的工作表"Sheet1（2）"就被移动到了工作簿"员工信息管理"中的工作表"员工资料表"之前，如图1.4-17所示。

图1.4-17

1.4.4　重命名工作表

默认情况下，工作簿中的工作表名称为"Sheet1""Sheet2"等。在日常办公中，用户可以根据工作表的内容为工作表重命名。

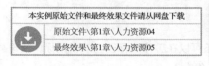

本实例原始文件和最终效果文件请从网盘下载

原始文件\第1章\人力资源04

最终效果\第1章\人力资源05

扫码看视频

为工作表重命名的具体步骤如下。

❶　打开本实例的原始文件，选中要重命名的工作表标签"Sheet1"，单击鼠标右键，在弹出的快捷菜单中选择【重命名】菜单项，如图1.4-18所示。

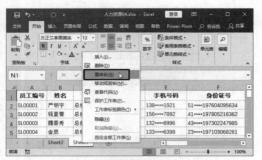

图1.4-18

② 此时工作表标签"Sheet1"处于可编辑状态，如图1.4-19所示。

图1.4-19

③ 输入合适的工作表名称，然后按【Enter】键完成输入，效果如图1.4-20所示。

图1.4-20

④ 用户还可以在工作表标签上双击鼠标，快速地重命名工作表。

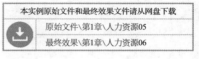 1.4.5 设置工作表标签颜色

当一个工作簿中有多个工作表时，为了方便区分工作表的轻重关系，用户可以将工作簿中的重点工作表标签设置成特殊的颜色，以方便识别。

本实例原始文件和最终效果文件请从网盘下载
原始文件\第1章\人力资源05
最终效果\第1章\人力资源06

扫码看视频

为工作表标签设置颜色的具体步骤如下。

① 打开本实例的原始文件，在工作表标签"员工信息表"上单击鼠标右键，在弹出的快捷菜单中选择【工作表标签颜色】菜单项，在弹出的颜色库中选择自己喜欢的颜色即可，如选择【红色】选项，如图1.4-21所示，设置效果如图1.4-22所示。

图1.4-21

图1.4-22

❷ 如果用户对颜色库中的颜色不满意，还可以自定义颜色，在【工作表标签颜色】级联菜单中选择【其他颜色】菜单项，如图1.4-23所示。

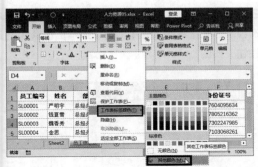

图1.4-23

❸ 弹出【颜色】对话框，切换到【自定义】选项卡，从颜色面板中选择自己喜欢的颜色，设置完毕，单击【确定】按钮即可，如图1.4-24所示。

图1.4-24

❹ 为工作表设置标签颜色的最终效果如图1.4-25所示。

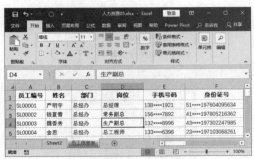

图1.4-25

1.4.6 保护工作表

为了防止他人随意更改工作表数据，用户也可以对工作表设置保护。

1. 保护工作表的设置

保护工作表的具体步骤如下。

❶ 打开本实例的原始文件，切换到工作表"员工信息表"，切换到【审阅】选项卡，在【保护】组中单击【保护工作表】按钮，如图1.4-26所示。

图1.4-26

❷ 弹出【保护工作表】对话框，勾选【保护工作表及锁定的单元格内容】复选框，在【取消工作表保护时使用的密码】文本框中输入"123"，然后在【允许此工作表的所有用户进行】列表框中勾选【选定锁定单元格】和【选定未锁定的单元格】复选框，如图1.4-27所示。

图1.4-27

❸ 单击【确定】按钮,弹出【确认密码】对话框,在【重新输入密码】文本框中输入"123",如图1.4-28所示。

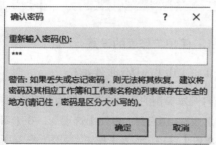

图1.4-28

❹ 设置完毕后,单击【确定】按钮即可。此时,如果要修改某个单元格中的内容,则会弹出【Microsoft Excel】对话框,直接单击【确定】按钮即可,如图1.4-29所示。

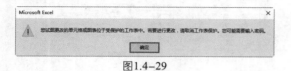

图1.4-29

2. 撤销工作表的保护

撤销工作表的保护的具体步骤如下。

❶ 在工作表"员工信息表"中,切换到【审阅】选项卡,在【保护】组中单击【撤消工作表保护】按钮,如图1.4-30所示。

图1.4-30

❷ 弹出【撤消工作表保护】对话框,在【密码】文本框中输入"123",如图1.4-31所示。

图1.4-31

❸ 单击【确定】按钮即可撤销对工作表的保护,此时,【保护】组中的【撤消工作表保护】按钮则会变成【保护工作表】按钮,如图1.4-32所示。

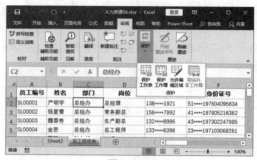

图1.4-32

1.5 课堂实训——复制、隐藏员工信息表

工作表的基本操作在整个Excel的应用中是至关重要的，工作表是整个Excel的核心，所以关于工作表的基本操作我们务必要学好。

专业背景

工资的计算与员工的岗位、工龄等是紧密相关的，所以工资的计算离不开员工信息表。

实训目的

◎ 掌握工作表的复制
◎ 掌握如何隐藏工作表

操作思路

1. 复制员工信息表

要求通过右键快捷菜单将"人力资源"工作簿中的"员工信息表"复制到"工资表"工作簿中，完成后的效果如图1.5-1所示。

2. 隐藏员工信息表

要求通过右键快捷菜单将"工资表"工作簿中的"员工信息表"隐藏，完成后的效果如图1.5-2所示。

本实例原始文件和最终效果文件请从网盘下载
素材文件\第1章\人力资源.xlsx
原始文件\第1章\工资表
最终效果\第1章\工资表

扫码看视频

图1.5-2

图1.5-1

1.6　常见疑难问题解析

问：工作簿中有很多工作表时，怎样快速切换工作表？

答： 如果工作簿中的工作表太多，需要滚动工作表标签很久才能看到目标工作表，此时可以这样操作：右键单击工作表导航栏，会显示一个工作表标签列表，在【激活】对话框中选中要到达的工作表，单击【确定】按钮或者双击其中的项目，就可以激活相应的工作表。

问：怎样快速选择较大范围内的单元格区域？

答： 在制作大型表格时经常需要添加多条信息，为了避免重复设置单元格格式，可选择较大的区域。如选择A3:K130单元格区域时，可先选择A3单元格，然后在名称框中输入"K130"，然后按【Shift】+【Enter】键即可快速选择该单元格区域。

1.7　课后习题

（1）创建并保存一个名为"产品报价表"的工作簿，如图1.7-1所示。

（2）隐藏"个人收支表"中1-12月的工作表，隐藏后的效果如图1.7-2所示。

扫码看视频

图1.7-1

图1.7-2

第2章
编辑工作表

本章内容简介

　　办公用品管理是企业日常办公中的一项基本工作。科学合理地管理和使用办公用品，有利于实现办公资源的合理配置，节约成本，提高办公效率。本章以制作办公用品清单为例，介绍如何编辑工作表。

学完本章我能做什么

　　通过本章的学习，我们能熟练制作一个工作表，并能通过冻结窗口查看工作表中的关键数据。

学习目标

　▶ 输入数据

　▶ 编辑数据

　▶ 单元格的基本操作

　▶ 行和列的基本操作

　▶ 拆分和冻结窗口

2.1　输入数据

创建工作表后的第一步就是向工作表中输入各种数据。工作表中常用的数据类型包括文本型数据、常规数据、货币型数据、日期型数据等。

2.1.1　输入文本型数据

文本型数据是最常用的数据类型之一，是指字符或者数值和字符的组合。

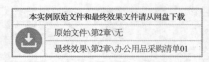

本实例原始文件和最终效果文件请从网盘下载	
原始文件\第2章\无	
最终效果\第2章\办公用品采购清单01	扫码看视频

❶　创建一个新的工作簿，将其保存为"办公用品采购清单.xlsx"，将工作表"Sheet1"重命名为"1月采购清单"，然后选中单元格A1，输入工作表的标题"办公用品采购清单"，如图2.1-1所示。

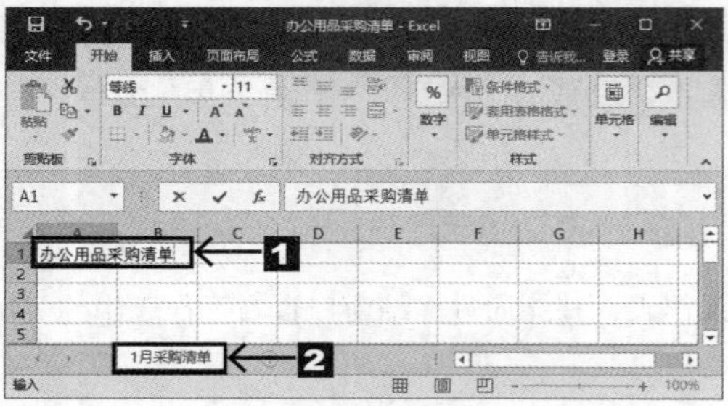

图2.1-1

❷　按【Enter】键完成输入，此时光标会自动定位到单元格A2中。输入其他的文本型数据即可，如图2.1-2所示。

图2.1-2

2.1.2　输入常规数据

Excel 2016默认状态下的单元格格式为常规，此时输入的数字没有特定格式。

本实例原始文件和最终效果文件请从网盘下载	
原始文件\第2章\办公用品采购清单01	
最终效果\第2章\办公用品采购清单02	扫码看视频

打开本实例的原始文件，在"采购数量"列中输入相应的数字，如图2.1-3所示。

图2.1-3

2.1.3　输入货币型数据

货币型数据用于表示一般货币格式。如果输入货币型数据，首先要输入常规数字，然后再设置单元格格式。

本实例原始文件和最终效果文件请从网盘下载	
原始文件\第2章\办公用品采购清单02	
最终效果\第2章\办公用品采购清单03	扫码看视频

输入货币型数据的具体步骤如下。

❶　打开本实例的原始文件，在"购入单价"列中输入相应的常规数字，如图2.1-4所示。

图2.1-4

❷ 选中单元格区域G3:G25，切换到【开始】选项卡，单击【数字】组中的【对话框启动器】按钮（也可按【Ctrl】+【1】组合键），如图2.1-5所示。

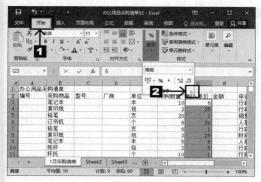

图2.1-5

❸ 弹出【设置单元格格式】对话框，切换到【数字】选项卡，在【分类】列表框中选择【货币】选项，然后在右侧的【小数位数】微调框中输入"2"，在货币符号（国家/地区）下拉列表中选择【￥】选项，在【负数】列表框中选择一种合适的选项，如图2.1-6所示。

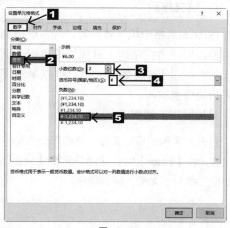

图2.1-6

❹ 单击【确定】按钮返回工作表中，效果如图2.1-7所示。

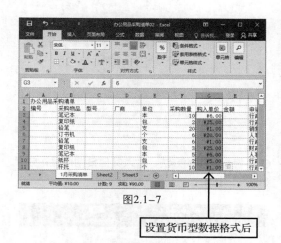

图2.1-7

设置货币型数据格式后

2.1.4 输入日期型数据

日期型数据是工作表中经常使用的一种数据类型。

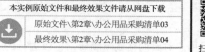

本实例原始文件和最终效果文件请从网盘下载

原始文件\第2章\办公用品采购清单03

最终效果\第2章\办公用品采购清单04

扫码看视频

输入日期型数据的具体步骤如下。

❶ 打开本实例的原始文件，选中单元格J3，输入"2019-1-2"，中间用"-"隔开，如图2.1-8所示。

图2.1-8

❷ 按【Enter】键，日期变成"2019/1/2"，如图2.1-9所示。

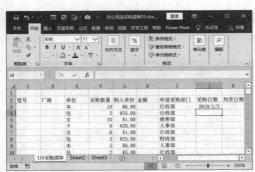

图2.1-9

❸ 使用同样的方法，输入其他日期即可，效果如图2.1-10所示。

图2.1-10

❹ 如果用户对日期格式不满意，可以进行自定义。选中单元格区域J3:J25，按【Ctrl】+【1】组合键，弹出【设置单元格格式】对话框，切换到【数字】选项卡，在【分类】列表框中选择【日期】选项，然后在右侧的【类型】列表中选择【12/3/14】选项，如图2.1-11所示。

图2.1-11

❺ 单击【确定】按钮，更改格式的效果如图2.1-12所示。

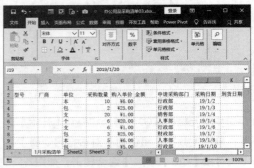

图2.1-12

❻ 按照相同的方法在K列中输入日期，并设置其格式，效果如图2.1-13所示。

图2.1-13

2.1.5 快速填充数据

除了普通输入数据的方法之外，用户还可以通过各种技巧快速地输入数据。

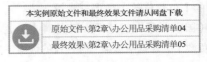

本实例原始文件和最终效果文件请从网盘下载

原始文件\第2章\办公用品采购清单04

最终效果\第2章\办公用品采购清单05

扫码看视频

1. 填充序列

在Excel表格中填写数据时，经常会遇到一些内容相同或者在结构上有规律的数据，例如1、2、3……对这些数据，用户可以采用序列填充功能快速输入。

具体操作步骤如下。

❶ 打开本实例的原始文件，选中单元格A3，输入"1"，按【Enter】键，活动单元格就会自动跳转至单元格A4，如图2.1-14所示。

图2.1-14

❷ 选中单元格A3，将鼠标指针移至单元格A3的右下角，此时鼠标指针变为"+"形状，按住左键不放向下拖曳鼠标，此时在鼠标指针的右下角会有一个"1"并跟随其向下移动，如图2.1-15所示。

图2.1-15

❸ 将鼠标指针拖至合适的位置后释放，鼠标指针所经过的单元格中均被填充为"1"，同时在最后一个单元格A25的右下角会出现一个【自动填充选项】按钮，如图2.1-16所示。

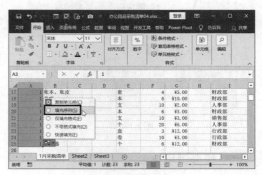

图2.1-16

❹ 将鼠标指针移至【自动填充选项】按钮上，该按钮会变成"⊞·"形状，然后单击此按钮，在弹出的下拉列表中选择【填充序列】选项，如图2.1-17所示。

图2.1-17

❺ 此时前面鼠标指针所经过的单元格区域中的数据就会自动地按照序列方式递增显示，如图2.1-18所示。

图2.1-18

序列填充数据时，系统默认的步长值是"1"，即相邻的两个单元格之间的数字递增的值为1。用户可以根据实际需要改变默认的步长值，方法如下。

单击【编辑】组中的【填充】按钮，然后从弹出的下拉列表中选择【序列】选项，弹出【序列】对话框。用户可以在【序列产生在】和【类型】组合框中选择合适的选项，在【步长值】文本框中输入合适的步长值，如图2.1-19所示。

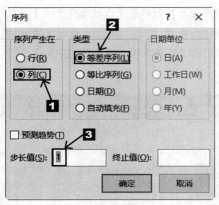

图2.1-19

2. 快捷键填充

用户可以在多个不连续的单元格中输入相同的数据信息,使用【Ctrl】+【Enter】组合键就可以实现数据的填充。

具体操作步骤如下。

❶ 选中单元格D3,然后按住【Ctrl】键不放,依次单击单元格D9、D12、D19、D22和D24,同时选中这些单元格,此时可以发现最后选中的单元格D24呈白色状态,如图2.1-20所示。

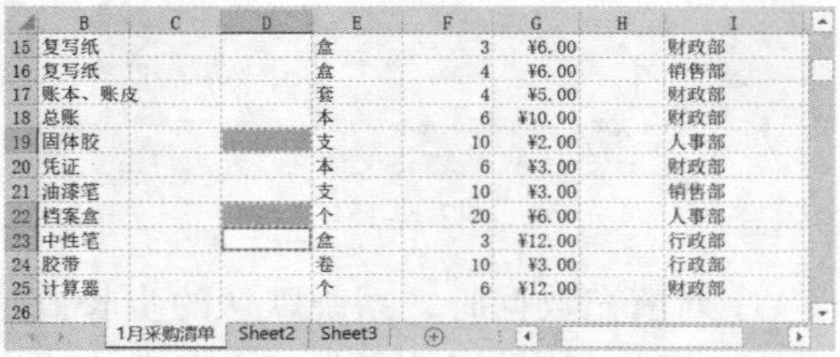

图2.1-20

❷ 在单元格D24中输入"厂商A",然后按【Ctrl】键,再按【Enter】键,在单元格D3、D9、D12、D19、D22中就会同时填充"厂商A",如图2.1-21所示。

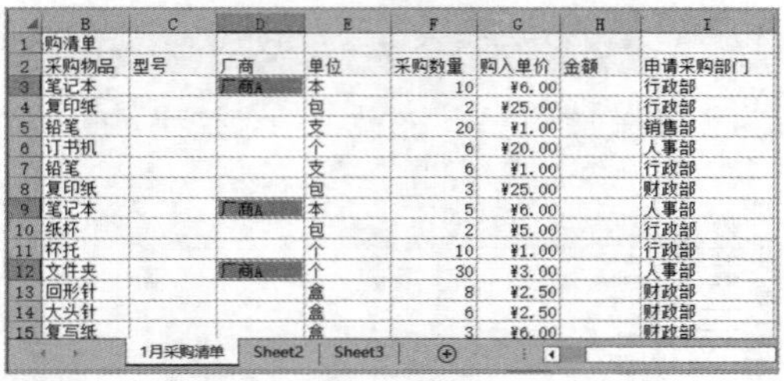

图2.1-21

❸ 按照相同的方法在D列中多个不连续的单元格中分别输入其他厂商的名称,效果如图2.1-22所示。

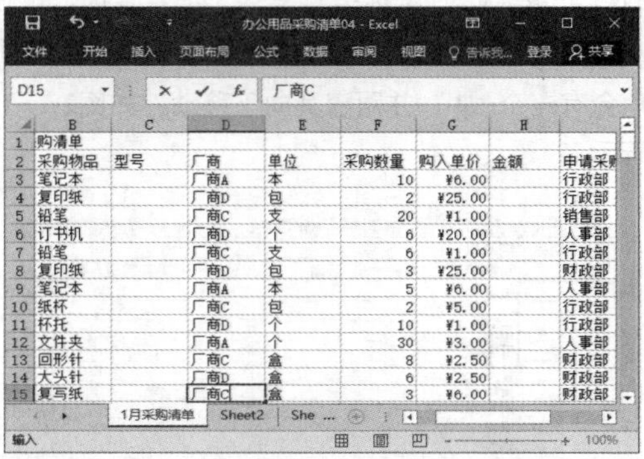

图2.1-22

3. 从下拉列表中选择填充

在一列中输入一些内容之后,如果要在此列中输入与前面相同的内容,用户可以使用从下拉列表中选择的方法来快速地输入。

具体操作步骤如下。

❶ 在C列中的单元格C4、C5、C6和C15中输入采购物品的型号,如图2.1-23所示。

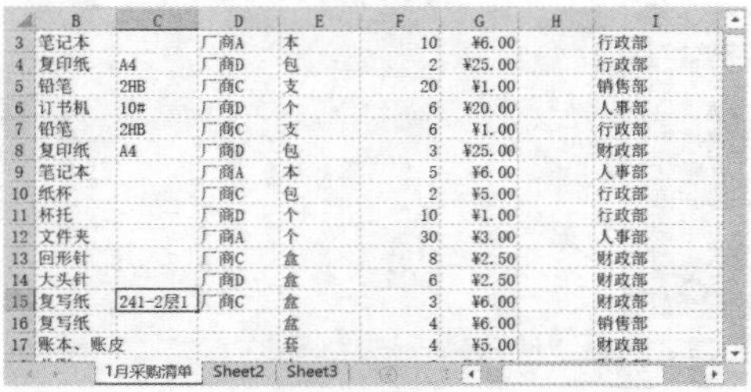

图2.1-23

❷ 选中单元格C7，单击鼠标右键，从弹出的快捷菜单中选择【从下拉列表中选择】菜单项，如图2.1-24所示。

图2.1-24

❸ 此时在单元格C7的下方出现一个下拉表，此列表中显示了用户在C列中输入的所有数据信息，如图2.1-25所示。

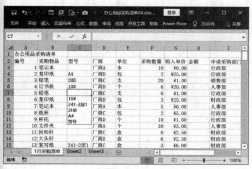

图2.1-25

❹ 从下拉列表中选择一个合适的选项，例如选择【2HB】，此时即可将其填充在单元格C7中，如图2.1-26所示。

图2.1-26

❺ 按照相同的方法，在C列中填充数据，如图2.1-27所示。

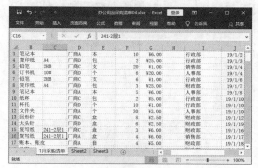

图2.1-27

2.2 课堂实训——输入员工信息表的数据

根据2.1节学习的内容，为员工信息表输入数据，最终效果如图2.2-1所示。

	A	B	C	D	E	F
1	员工编号	姓名	部门	岗位	手机号码	身份证号
2	SL00001	严明宇	总经办	总经理	138****1921	51****197604095634
3	SL00002	钱夏雪	总经办	常务副总	156****7892	41****197805216362
4	SL00003	魏香秀	总经办	生产副总	132****8996	43****197302247985
5	SL00004	金思	总经办	总工程师	133****6398	23****197103068261
6	SL00005	蒋琴	财务部	经理	134****5986	36****196107246846
7	SL00006	冯万友	人事部	经理	137****2568	41****197804215550
8	SL00007	吴倩倩	销售部	总监	139****0407	13****197901065081
9	SL00008	戚光	行政部	经理	189****9846	41****196105063791

员工信息表

图2.2-1

专业背景

员工信息表是人力资源部门的基础信息表，通过员工信息表，公司不仅可以了解员工的基本信息，还可以随时对员工的基本情况进行查看、统计和分析等。

实训目的

◎ 熟练掌握快速填充数据
◎ 熟练掌握文本型数据的输入
◎ 熟练掌握日期型数据的输入

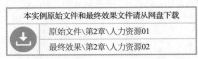

本实例原始文件和最终效果文件请从网盘下载
原始文件\第2章\人力资源01
最终效果\第2章\人力资源02

扫码看视频

操作思路

1. 快速填充数据

要求通过鼠标拖动的方式，快速填充员工编号，完成后的效果如图2.2-2所示。

图2.2-2

3. 输入出生日期

要求通过设置单元格格式，输入指定格式的日期，完成后的效果如图2.2-4所示。

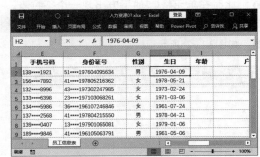

图2.2-4

2. 输入身份证号

要求通过设置单元格格式，使输入的身份证号正确显示，完成后的效果如图2.2-3所示。

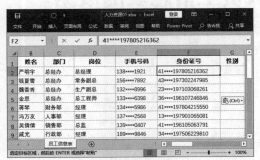

图2.2-3

2.3　编辑数据

编辑数据的操作主要包括移动数据、复制数据、修改和删除数据、查找和替换数据。

2.3.1　移动数据

移动数据是指用户根据实际情况，使用鼠标将单元格中的数据移动到其他的单元格中。这是一种比较灵活的操作方法。

本实例原始文件和最终效果文件请从网盘下载
原始文件\第2章\办公用品采购清单05
最终效果\第2章\办公用品采购清单06
扫码看视频

在表格中进行数据移动的具体步骤如下。

❶　打开本实例的原始文件，选中单元格C6，将鼠标指针移动到单元格边框，此时鼠标指针变成形状，如图2.3-1所示。

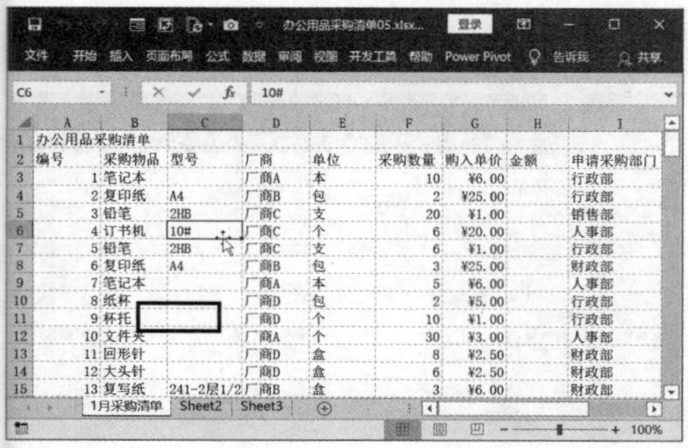

图2.3-1

❷　按住鼠标左键不放，将鼠标指针移动到单元格C9中释放即可，如图2.3-2所示。

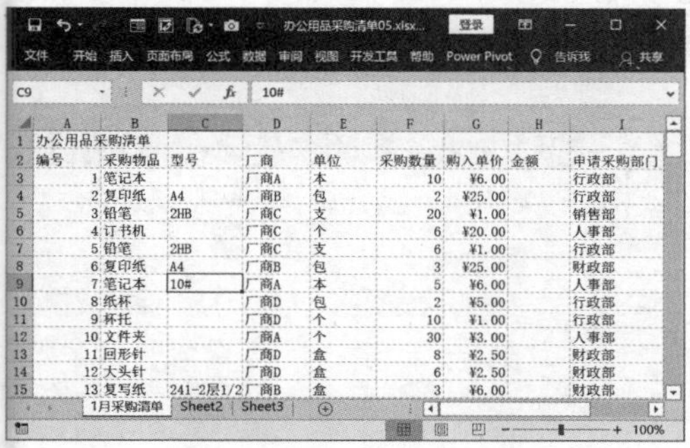

图2.3-2

❸　用户也可以使用剪切和粘贴的方法进行数据的移动，选中单元格C9，单击鼠标右键，在弹出的快捷菜单中选择【剪切】菜单项，如图2.3-3所示。

图2.3-3

❹　此时单元格C9周围出现一个闪烁的虚边框，如图2.3-4所示。

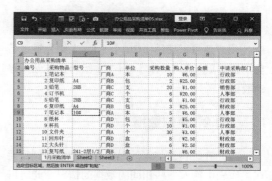

图2.3-4

❺　选中要移至的单元格C6，然后单击鼠标右键，从弹出的快捷菜单中选择【粘贴】菜单项，如图2.3-5所示。

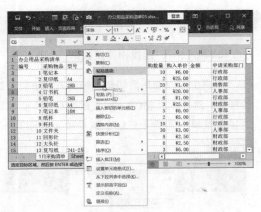

图2.3-5

❻ 此时即可将单元格C9中的数据移动到单元格C6中，如图2.3-6所示。

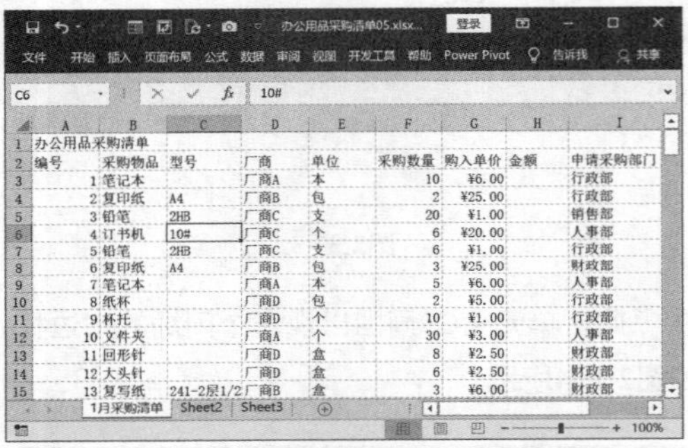

图2.3-6

❼ 用户还可以使用【Ctrl】+【X】组合键进行剪切，然后使用【Ctrl】+【V】组合键粘贴来移动数据。

2.3.2 复制数据

用户在编辑工作表的时候，经常会遇到需要在工作表中输入一些相同的数据的情况，此时可以使用系统提供的复制粘贴功能实现，以节约输入数据的时间。复制粘贴数据的方法有很多种，下面对其进行介绍。

本实例原始文件和最终效果文件请从网盘下载
原始文件\第2章\办公用品采购清单06
最终效果\第2章\办公用品采购清单07

扫码看视频

具体步骤如下。

❶ 打开本实例的原始文件，在单元格C3中输入"笔记本"的型号"sl-5048"，切换到【开始】选项卡，然后单击【剪贴板】组中的【复制】按钮，如图2.3-7所示。

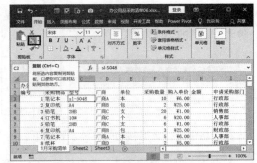

图2.3-7

❷ 此时单元格C3的四周会出现闪烁的虚线框，表示用户要复制此单元格中的内容，如图2.3-8所示。

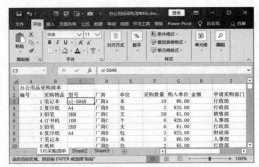

图2.3-8

❸ 选中要复制到的单元格C9，然后单击【剪贴板】组中的【粘贴】按钮，如图2.3-9所示。

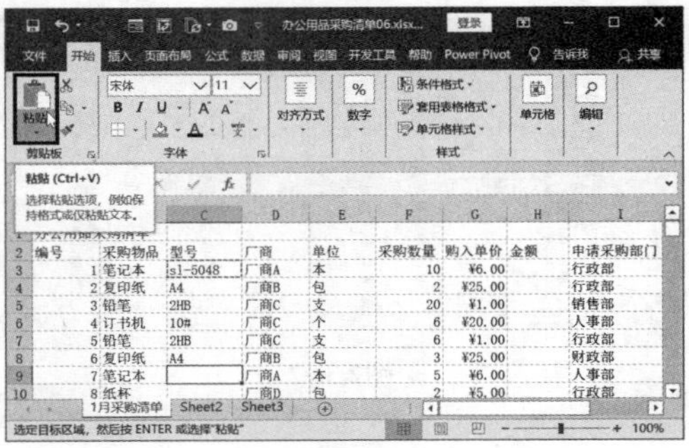

图2.3-9

❹ 此时即可将复制的单元格C3中的数据粘贴到单元格C9中，如图2.3-10所示。

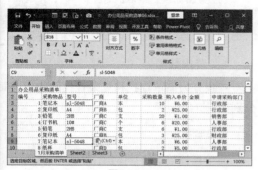

图2.3-10

除此之外，用户可以使用快捷菜单进行复制和粘贴，也可以使用【Ctrl】+【C】组合键和【Ctrl】+【V】组合键快速地复制和粘贴数据。

2.3.3 修改和删除数据

数据输入之后并不是不可以改变的，用户可以根据需求修改和删除单元格中的数据。

本实例原始文件和最终效果文件请从网盘下载
原始文件\第2章\办公用品采购清单07
最终效果\第2章\办公用品采购清单08
扫码看视频

1. 修改数据

修改数据的具体操作步骤如下。

❶ 打开本实例的原始文件，选中要修改数据的单元格I4，此时该单元格的四周出现黑色的粗线边框，如图2.3-11所示。

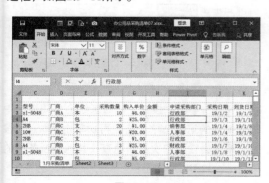

图2.3-11

❷ 输入新的内容，例如输入"研发部"，此时该单元格的内容被替换为新输入的内容，如图2.3-12所示。

图2.3-12

❸ 在要修改数据的单元格K4中双击，此时光标定位到该单元格中并不断闪烁，如图2.3-13所示。

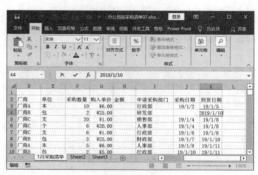

图2.3-13

❹ 选择该单元格中要修改的部分数据，此时被选中的数据呈反白显示，如图2.3-14所示。

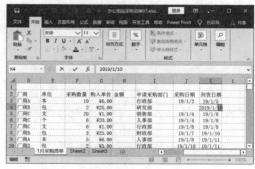

图2.3-14

❺ 输入新的数据，然后按【Enter】键即可完成数据的修改，如图2.3-15所示。

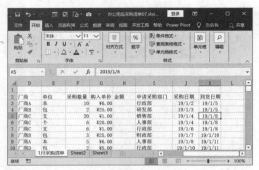

图2.3-15

2. 删除数据

当用户不再需要单元格中的数据时，可以将其删除。

删除单元格数据最简单的方法就是在选中单元格后，直接按【Delete】键将单元格中的数据删除，如图2.3-16、图2.3-17所示。

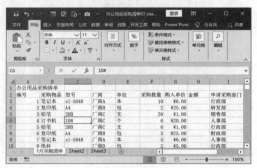

图2.3-16

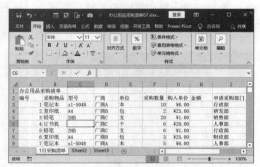

图2.3-17

2.3.4 查找和替换数据

当工作表中的数据较多时，用户要查找或修改起来会很不方便，此时就可以使用系统提供的查找和替换功能操作。

1. 查找数据

查找分为简单查找和复杂查找两种，下面分别进行介绍。

简单查找

简单查找数据的具体操作步骤如下。

❶ 打开本实例的原始文件，单击【编辑】组中的【查找和选择】按钮，然后从弹出的下拉列表中选择【查找】选项，如图2.3-18所示。

图2.3-18

❷ 弹出【查找和替换】对话框，切换到【查找】选项卡，在【查找内容】文本框中输入要查找的数据内容，例如输入"财政部"，如图2.3-19所示。

图2.3-19

❸ 单击 查找下一个 按钮，此时系统会自动地选中符合条件的第一个单元格，再次单击 查找下一个 按钮，系统会往下依次不断地查找其他符合条件的单元格，如图2.3-20所示。

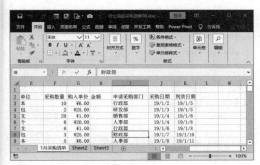

图2.3-20

❹ 单击 查找全部(I) 按钮，此时在【查找和替换】对话框的下方就会显示出符合条件的全部单元格信息，查找完毕，单击【关闭】按钮即可，如图2.3-21所示。

图2.3-21

复杂查找

复杂查找数据的具体操作步骤如下。

❶ 选中单元格I8，单击鼠标右键，然后从弹出的快捷菜单中选择【设置单元格格式】菜单项，如图2.3-22所示。

图2.3-22

❷ 弹出【设置单元格格式】对话框，切换到【字体】选项卡，在【字形】列表框中选择【倾斜】选项，从【颜色】下拉列表中选择合适的字体颜色，例如【深红】选项，如图2.3-23所示。

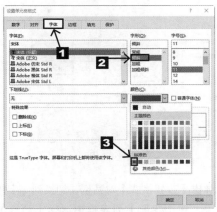

图2.3-23

❸ 设置完毕，单击【确定】按钮即可，此时设置效果如图2.3-24所示。

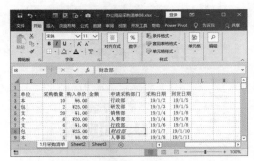

图2.3-24

❹ 按照前面介绍的方法打开【查找和替换】对话框，切换到【查找】选项卡，在【查找内容】文本框中输入要查找的数据内容，例如输入"财政部"，如图2.3-25所示。

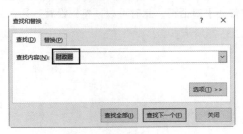

图2.3-25

❺　单击 选项(T) >> 按钮，从展开的【查找和替换】对话框中单击 格式(M)... ▼ 按钮的下三角按钮，然后从弹出的下拉列表中选择【格式】选项，如图2.3-26所示。

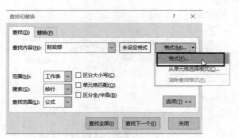

图2.3-26

❻　弹出【查找格式】对话框，切换到【字体】选项卡，在【字形】列表框中选择【倾斜】选项，然后从【颜色】下拉列表中选择【深红】选项，如图2.3-27所示。

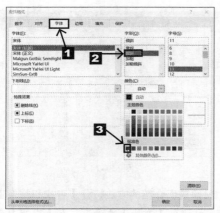

图2.3-27

❼　选择完毕，单击【确定】按钮，返回【查找和替换】对话框，此时可以预览到设置效果，如图2.3-28所示。

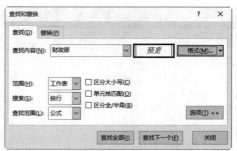

图2.3-28

❽　单击 查找全部(I) 按钮，此时在【查找和替换】对话框的下方就会显示出符合条件的全部单元格信息。查找完毕单击 关闭 按钮即可，如图2.3-29所示。

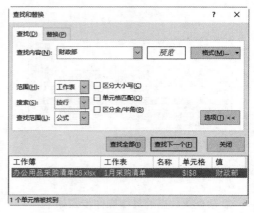

图2.3-29

2. 替换数据

用户可以使用Excel的替换功能快速地定位查找内容并对其进行替换操作。

替换数据的具体步骤如下。

❶　切换到【开始】选型卡，单击【编辑】组中的【查找和选择】按钮 🔍▼，在弹出的下拉列表中选择【替换】选项，如图2.3-30所示。

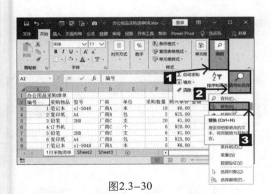

图2.3-30

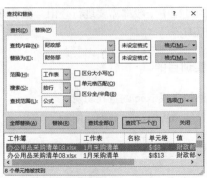

图2.3-32

❷ 弹出【查找和替换】对话框,切换到【替换】选项卡,在【查找内容】文本框中输入"财政部",在【替换为】文本框中输入"财务部",然后单击【查找内容】文本框右侧的 格式(M)... ▼ 按钮,然后从弹出的下拉列表中选择【清除查找格式】选项,如图2.3-31所示。

❹ 单击 全部替换(A) 按钮,弹出【Microsoft Excel】对话框,并显示替换结果,如图2.3-33所示。

图2.3-33

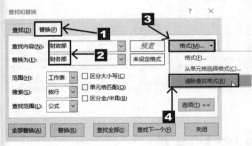

图2.3-31

❸ 单击 查找全部(I) 按钮,此时光标定位在了要查找的内容上,并在对话框中显示了具体的查找结果,如图2.3-32所示。

❺ 单击【确定】按钮,返回【查找和替换】对话框,替换完毕,单击【关闭】按钮即可,如图2.3-34所示。

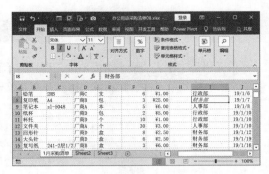

图2.3-34

2.4 课堂实训——替换办公用品领用表信息

根据2.3节学习的内容,根据操作要求使用查找替换功能完成相应练习。

专业背景

工作必然地会用到办公用品,企业对于办公用品一般都有自己比较专业的管理方法,在领取办公

用品的过程中一般都需要进行登记。企业办公用品领用表中一般需要记录日期、物品、数量、单价、领用原因等。

实训目的

◎ 熟练掌握Excel的查找功能

◎ 熟练掌握Excel的替换功能

本实例原始文件和最终效果文件请从网盘下载

原始文件\第2章\办公用品领用表

最终效果\第2章\办公用品领用表

扫码看视频

操作思路

1. 查找出所有"人资部"信息

要求通过【查找】命令查找出工作表中有几条登记为"人资部"的信息，完成后的效果如图2.4-1所示。

2. 将所有"人资部"替换为"人事部"

要求通过【替换】命令将工作表中所有的"人资部"替换为"人事部"，完成后的效果如图2.4-2所示。

图2.4-1

图2.4-2

2.5 单元格的基本操作

单元格是工作表的最小组成单位，用户在单元格中输入文本内容后，还可以根据实际需要进行选中单元格、插入单元格、删除单元格以及合并单元格等操作。

本实例原始文件和最终效果文件请从网盘下载

原始文件\第2章\办公用品采购清单09

最终效果\第2章\办公用品采购清单10

扫码看视频

2.5.1 选中单元格

在对单元格进行各种编辑之前，首先需要将其选中。

1. 选中单个单元格

选中单个单元格的方法很简单，只需要将鼠标指针移动到该单元格上，单击一下鼠标左键即可。此时该单元格会被绿色的粗框包围，而名称框中会显示该单元格的名称，如图2.5-1所示。

图2.5-1

2. 选中连续的单元格区域

在需要选取的起始单元格上按住鼠标左键不放，拖曳鼠标，则指针经过的矩形框即被选中，如图2.5-2所示。

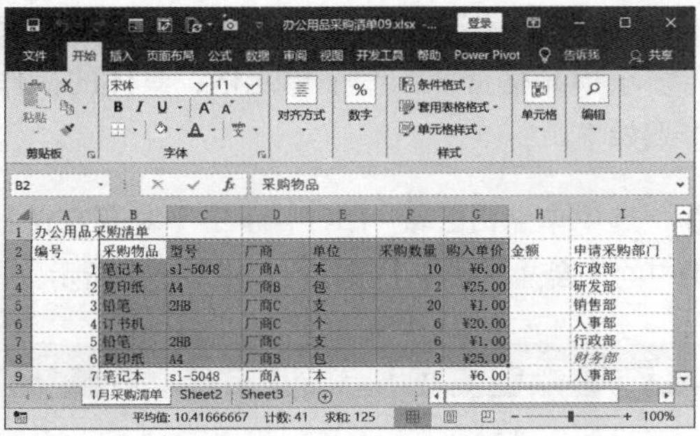

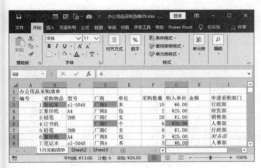

图2.5-2

此外，用户还可以先选中起始的单元格，按住【Shift】键，然后单击最后一个单元格，此时即可选中连续的单元格区域。

3. 选中不连续的单元格区域

选中第一个要选择的单元格，按【Ctrl】键不放，依次选中选择的单元格即可，如图2.5-3所示。

图2.5-3

4. 选中整行或整列的单元格区域

选中整行或者整列单元格区域的方法很简单，只需要在要选中的行标题或者列标题上单击，即可将其选中。

2.5.2 插入单元格

在对工作表进行编辑的过程中，插入单元格是最经常用到的操作之一。

插入单元格的具体步骤如下。

❶ 打开本小节的原始文件，选中单元格B3，单击鼠标右键，在弹出的下拉列表中选择【插入】菜单项，如图2.5-4所示。

图2.5-4

❷ 弹出【插入】对话框，选中【活动单元格下移】单选钮，如图2.5-5所示。

图2.5-5

❸ 选择完毕，直接单击【确定】按钮，此时即可将选中的单元格下移，同时在其上方插入了一个空白单元格，如图2.5-6所示。

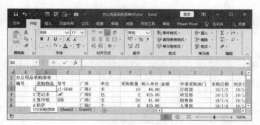

图2.5-6

2.5.3 删除单元格

用户可以根据实际需求删除不需要的单元格。

删除单元格的具体步骤如下。

❶ 选中要删除的单元格B3，单击鼠标右键，然后从弹出的快捷菜单中选择【删除】菜单项，如图2.5-7所示。

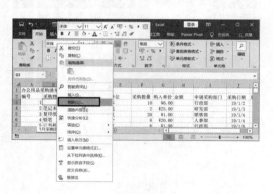

图2.5-7

❷ 弹出【删除】对话框，选中【下方单元格上移】单选钮，如图2.5-8所示。

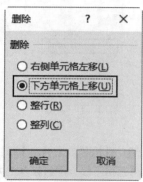

图2.5-8

❸ 选择完毕单击【确定】按钮，此时即可将选中的单元格删除，如图2.5-9所示。

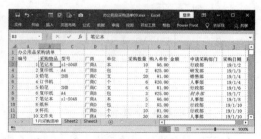

图2.5-9

2.5.4 合并单元格

在编辑工作表的过程中，用户有时候需要将多个单元格合并为一个单元格，具体的操作步骤如下。

❶ 选中单元格区域A1:K1，单击【对齐方式】组中的【合并后居中】按钮，如图2.5-10所示。

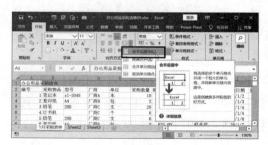

图2.5-10

❷ 此时即可将选择的单元格区域合并为一个单元格，同时单元格中的内容会居中显示，如图2.5-11所示。

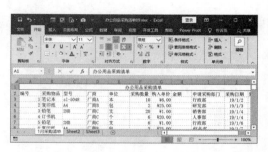

图2.5-11

2.6 课堂实训——合并工作计划中的单元格

根据2.5节学习的内容，将工作计划中的同类内容合并。表格如图2.6-1所示。

图2.6-1

专业背景

无论是单位还是个人，无论办什么事情，事先都应有个打算和安排。有了工作计划，工作就有了明确的目标和具体的步骤，就可以协调大家的行动，增强工作的主动性，减少盲目性，使工作有条不紊地进行。同时，计划本身又是对工作进度和质量的考核标准，对大家有较强的约束和督促作用。

实训目的

◎ 选中需要合并的单元格区域

◎ 合并单元格

本实例原始文件和最终效果文件请从网盘下载

原始文件\第2章\电商运营月度工作计划表

最终效果\第2章\电商运营月度工作计划表

扫码看视频

操作思路

1. 选中连续单元格区域

选中工作表中内容相同的连续单元格区域，完成后的效果如图2.6-2所示。

图2.6-2

2. 合并单元格

通过【合并单元格】按钮将选中单元格区域合并后居中，完成后的效果如图2.6-3所示。

图2.6-3

2.7 行和列的基本操作

行和列的基本操作与单元格的基本操作大同小异，主要包括选择行和列、插入行和列、删除行和列、调整行高和列宽以及隐藏与显示行和列。

本实例原始文件和最终效果文件请从网盘下载

原始文件\第2章\办公用品采购清单10

最终效果\第2章\办公用品采购清单11

扫码看视频

2.7.1 选择行和列

在对行和列进行各种操作之前，首先需要将其选中。

1. 选择一行或一列

选中一行或者一列的方法很简单，直接在要选择的行标题或者列标题上单击鼠标左键即可，如图2.7-1、图2.7-2所示。

图2.7-1

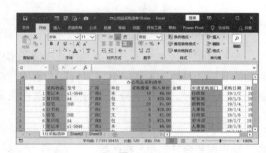

图2.7-2

2. 选择不连续的多行或多列

如果要选择不连续的多行或者多列，首先需要选择第一行或者第一列，按【Ctrl】键，然后依次单击要选择的行的行标题或者列的列

标题，即可选择不连续的多行或者多列，如图2.7-3、图2.7-4所示。

图2.7-3

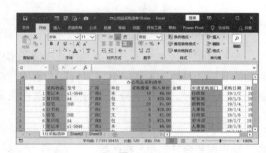

图2.7-4

3. 选择连续的多行或多列

选择连续的多行或者多列的方法也很简单。首先选择要选择的第一行或者第一列，然后按住鼠标左键不放，拖动到要选择的最后一行或者一列释放鼠标，此时即可选择连续的多行或者多列，如图2.7-5、图2.7-6所示。

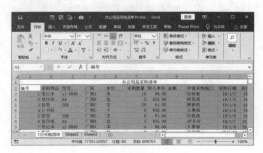

图2.7-5

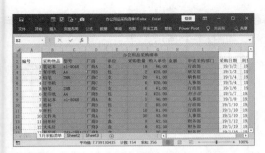

图2.7-6

2.7.2 插入行和列

在编辑工作表的过程中，用户有时候需要根据实际需要重新设置工作表的结构，此时可以通过在工作表中插入行和列来实现。

在工作表中插入行的具体步骤如下。

❶ 在要插入行的下面的行标题上单击以选择整行，例如选中第3行，单击鼠标右键，然后从弹出的快捷菜单中选择【插入】菜单项，如图2.7-7所示。

图2.7-7

❷ 此时即可在选中行的上方插入一个空白行，如图2.7-8所示。

图2.7-8

❸ 也可在要插入行的下面的行标题上单击选择整行，例如选中第6行，单击【单元格】按钮，从展开的【单元格】组中单击【插入】按钮的下半部分按钮，然后从弹出的下拉列表中选择【插入工作表行】选项，如图2.7-9所示。

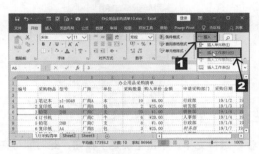

图2.7-9

❹ 此时即可在所选行上方插入一个空白行，如图2.7-10所示。

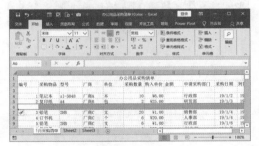

图2.7-10

❺ 还可选中任意单元格，例如选中B9单元格，单击鼠标右键，然后从弹出的快捷菜单中选择【插入】菜单项，如图2.7-11所示。

图2.7-11

❻ 弹出【插入】对话框，在【插入】组合框中选中【整行】单选钮，如图2.7-12所示。

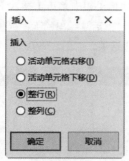

图2.7-12

❼ 选择完毕，单击【确定】按钮，此时即可在所选单元格所在行的上方插入一个空白行，如图2.7-13所示。

图2.7-13

❽ 用户还可以在工作表中插入多行，例如选择第10行~第12行，单击鼠标右键，然后从弹出的快捷菜单中选择【插入】菜单项，如图2.7-14所示。

图2.7-14

❾ 此时即可在原来的第10行上方插入3个空白行，如图2.7-15所示。

图2.7-15

在工作表中插入列的方法与插入行的方法类似，只需在要插入列右侧的列标题上单击以选择整列，然后按照前面介绍的插入行的方法进行插入，即可在所选中列的左侧插入空白列。

2.7.3　删除行和列

在编辑工作表的过程中，用户有时候还需要将工作表中多余的行和列删除。删除行的方法和删除列的方法类似，下面以怎样删除行为例进行介绍。

删除行的具体步骤如下。

❶ 选择要删除的行，例如选中第3行，单击鼠标右键，然后从弹出的快捷菜单中选择【删除】菜单项，如图2.7-16所示。

图2.7-16

❷ 此时即可将选择的空白行删除，如图2.7-17所示。

图2.7-20

❸ 也可选择要删除的行，例如选中第5行，单击【单元格】组中的【删除】按钮 的下三角按钮，然后从弹出的下拉列表中选择【删除工作表行】选项，如图2.7-18所示。

图2.7-18

❻ 弹出【删除】对话框，在【删除】组合框中选中【整行】单选钮，如图2.7-21所示。

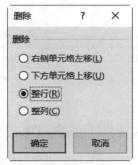

图2.7-21

❹ 可以看到选择的行已被删除，如图2.7-19所示。

图2.7-19

❼ 选择完毕，单击【确定】按钮，即可将选择的单元格所在的行删除，如图2.7-22所示。

图2.7-22

❺ 还可在要删除的第7行中任意单元格上单击鼠标右键，然后从弹出的快捷菜单中选择【删除】菜单项，如图2.7-20所示。

❽ 选择第7行~第9行，单击鼠标右键，然后从弹出的快捷菜单中选择【删除】菜单项，如图2.7-23所示。

图2.7-23

❾ 此时即可将选择的多行删除，下方的行自动上移，如图2.7-24所示。

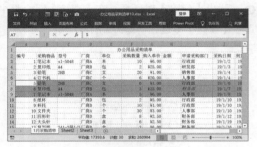

图2.7-24

2.7.4 调整行高和列宽

在默认情况下，工作表中的行高和列宽是固定的，但是当单元格中的内容过长时，就无法将其完全显示出来，此时就需要调整行高和列宽。

1. 设置精确的行高和列宽

设置精确的行高和列宽的具体步骤如下。

❶ 选择要调整行高的行，例如选中第1行，切换到【开始】选项卡，单击【单元格】组中的【格式】按钮 格式▾ ，然后从弹出的下拉菜单中选择【行高】选项，如图2.7-25所示。

图2.7-25

❷ 弹出【行高】对话框，在【行高】文本框中输入合适的行高，例如输入"24"，如图2.7-26所示。

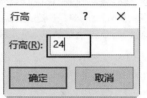

图2.7-26

❸ 输入完毕，单击【确定】按钮即可，设置效果如图2.7-27所示。

图2.7-27

❹ 选择要调整列宽的列，例如选中A列，单击鼠标右键，然后从弹出的快捷菜单中选择【列宽】菜单项，如图2.7-28所示。

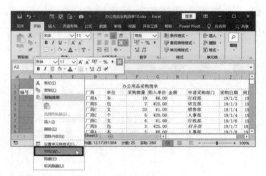

图2.7-28

❺ 弹出【列宽】对话框，在【列宽】文本框中输入合适的列宽，如输入"8"，如图2.7-29所示。

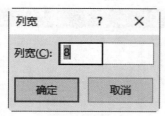

图2.7-29

❻ 输入完毕，单击【确定】按钮即可，设置效果如图2.7-30所示。

图2.7-30

2. 设置最合适的行高和列宽

设置最合适的行高和列宽的具体步骤如下。

❶ 将鼠标指针移动到要调整行高的行标题下方的分隔线上，此时鼠标指针变成➕形状，如图2.7-31所示。

图2.7-31

❷ 双击即可将该行（此处为第1行）调整为最合适的行高，如图2.7-32所示。

图2.7-32

❸ 将鼠标指针移动到要调整列宽的列标题右侧的分割线上，此时鼠标指针变成➕形状，如图2.7-33所示。

图2.7-33

❹ 双击即可将该列（D列）调整为最合适的列宽，如图2.7-34所示。

图2.7-34

2.7.5 隐藏与显示行和列

在编辑工作表的过程中，用户有时需要将一些行和列隐藏起来，需要时再将其显示出来。

1. 隐藏行和列

隐藏行和列的具体步骤如下。

❶ 选择要隐藏的行，例如选择第2行，单击鼠标右键，然后从弹出的快捷菜单中选择【隐藏】菜单项，如图2.7-35所示。

图2.7-35

❷ 此时即可将第2行隐藏，并且会在第1行和第3行之间出现一条粗线，效果如图2.7-36所示。

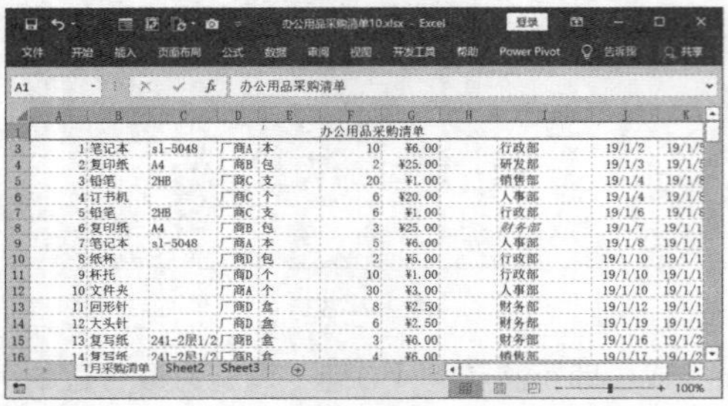

图2.7-36

❸ 选择要隐藏的列，例如选择D列，然后单击鼠标右键，从弹出的快捷菜单中选择【隐藏】菜单项，如图2.7-37所示。

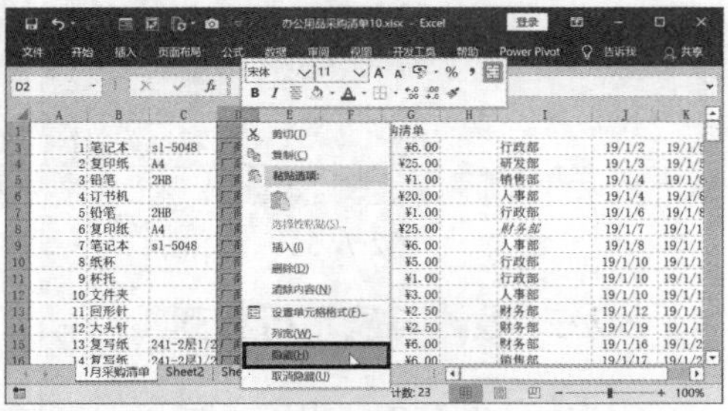

图2.7-37

❹ 此时即可将D列隐藏起来，并且会在C列和E列和之间出现一条粗线，如图2.7-38所示。

图2.7-38

2. 显示隐藏的行和列

用户还可以将隐藏的行和列显示出来，具体的操作步骤如下。

❶ 选中第1行和第3行，然后单击鼠标右键，从弹出的快捷菜单中选择【取消隐藏】菜单项，如图2.7-39所示。

图2.7-39

❷ 此时即可将刚刚隐藏的第2行显示出来，如图2.7-40所示。

图2.7-40

❸ 选择C列和E列，单击鼠标右键，然后从弹出的快捷菜单中选择【取消隐藏】菜单项，如图2.7-41所示。

图2.7-41

❹ 此时即可将刚刚隐藏的D列显示出来，如图2.7-42所示。

图2.7-42

2.8 拆分和冻结窗口

拆分和冻结窗口是编辑工作表过程中经常用到的操作。通过拆分和冻结窗口操作，用户可以更加清晰、方便地查看数据信息。

2.8.1 拆分窗口

拆分工作表的操作可以将同一个工作表窗口拆分成两个或者多个窗口，在每一个窗口中可以通过拖动滚动条显示工作表的一部分，此时用户可以通过多个窗口查看数据信息。

本实例原始文件和最终效果文件请从网盘下载
原始文件\第2章\办公用品采购清单11
最终效果\第2章\办公用品采购清单12

扫码看视频

拆分窗口的具体步骤如下。

❶ 打开本实例的原始文件，选中单元格C5，切换到【视图】选项卡，然后单击【窗口】组中的【拆分】按钮 拆分，如图2.8-1所示。

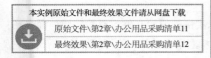

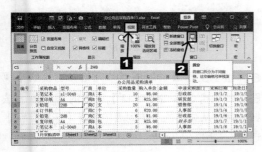

图2.8-1

❷ 此时系统就会自动地以单元格C5为分界点，将工作表分成4个窗口，同时垂直滚动条和水平滚动条分别变成了两个，如图2.8-2所示。

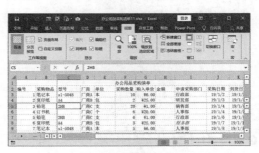

图2.8-2

❸ 按住鼠标左键不放，拖动上方的垂直滚动条，此时可以发现上方两个窗口的界面在垂直方向发生了变化，如图2.8-3所示。

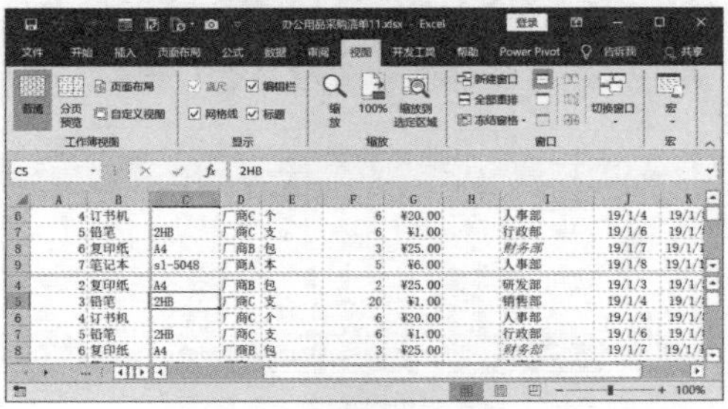

图2.8-3

❹ 拖动右边的水平滚动条，也可以发现右边两个窗口在水平方向发生了变化，如图2.8-4所示。

图2.8-4

❺ 用户还可以将4个窗口调整成两个窗口。将鼠标指针移动到窗口的边界线上，此时鼠标指针变成⇕形状，按住鼠标左键不放向上拖动，此时随着鼠标指针的移动会出现一条虚线，如图2.8-5所示。

图2.8-5

❻ 将鼠标指针拖动到列标题上释放，此时即可发现界面中只有左、右两个窗口了，与此同时，垂直滚动条也变成了一个，拖动此滚动条即可控制当前两个窗口在垂直方向上的变动，如图2.8-6所示。

图2.8-6

❼ 如果用户想取消窗口的拆分，只需要切换到【视图】选项卡，然后再次单击【窗口】组中的【拆分】按钮即可，如图2.8-7所示。

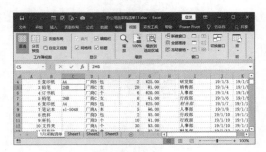

图2.8-7

2.8.2 冻结窗口

当工作表中的数据很多时，为了方便查看，用户可以将工作表的行标题和列标题冻结起来。

本实例原始文件和最终效果文件请从网盘下载
原始文件\第2章\办公用品采购清单12
最终效果\第2章\办公用品采购清单13
扫码看视频

冻结窗口的具体步骤如下。

❶ 打开本实例的原始文件，然后按照前面介绍的方法删除标题所在的第1行，如图2.8-8所示。

图2.8-8

❷ 选中工作表中的任意单元格，切换到【视图】选项卡，单击【窗口】组中的【冻结窗格▾】按钮，然后从弹出的下拉列表中选择【冻结首行】选项，如图2.8-9所示。

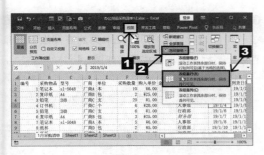

图2.8-9

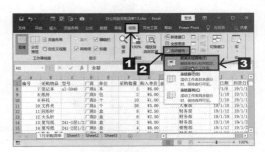

图2.8-12

❸ 此时即可发现在第2行上方出现了一条直线，将标题行冻结住了，如图2.8-10所示。

❻ 此时即可取消首行的冻结，如图2.8-13所示。

图2.8-10

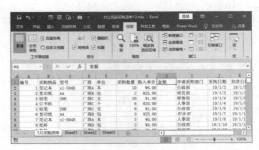

图2.8-13

❹ 拖动垂直滚动条，此时变动的是直线下方的数据信息，直线上方的标题行不随之变化，如图2.8-11所示。

❼ 如果用户想要冻结首列，可以单击【窗口】组中的 冻结窗格 按钮，然后从弹出的下拉列表中选择【冻结首列】选项，如图2.8-14所示。

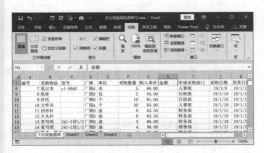

图2.8-11

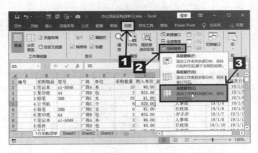

图2.8-14

❺ 如果用户想取消窗口的冻结，切换到【视图】选项卡，单击【窗口】组中的 冻结窗格 按钮，然后从弹出的下拉列表中选择【取消冻结窗格】选项，如图2.8-12所示。

❽ 此时即可发现在B列的左侧出现一条直线，将标题列冻结住了，如图2.8-15所示。

图2.8-15

⑨ 拖动水平滚动条，此时变动的是直线右侧的数据信息，直线左侧的标题列不随之变化，如图2.8-16所示。

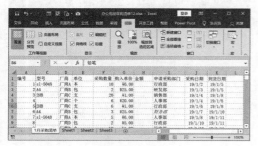

图2.8-16

⑩ 按照前面介绍的方法取消窗口的冻结。若要同时冻结首行和首列，可选中单元格B2，单击【窗口】组中的 冻结窗格▾ 按钮，然后从弹出的下拉列表中选择【冻结窗格】选项，如图2.8-17所示。

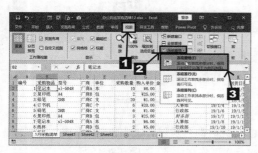

图2.8-17

⑪ 此时即可发现在第2行上方出现了一条直线，将标题行冻结住了；在B列的左侧出现一条直线，将标题列冻结住了，如图2.8-18所示。

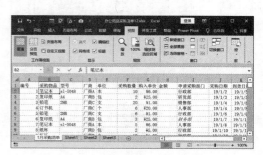

图2.8-18

⑫ 拖动垂直滚动条，此时变化的是直线下方的数据信息，直线上方的标题行不随之变化，如图2.8-19所示。

图2.8-19

⑬ 拖动水平滚动条，此时变动的是直线右侧的数据信息，直线左侧的标题列不随之变化，如图2.8-20所示。

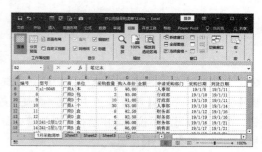

图2.8-20

2.9 课堂实训——冻结窗格

专业背景

员工信息表中的信息比较多，但是我们在查看工作表的时候，无论查看哪条信息，都需要行标题和姓名列来作为参考，所以为了查看方便，我们可以将首行和姓名列冻结。

实训目的

◎ 熟练掌握Excel的冻结窗格功能

本实例原始文件和最终效果文件请从网盘下载
原始文件\第2章\人力资源
最终效果\第2章\人力资源

扫码看视频

操作思路

1. 冻结首行

选中首行，单击【冻结窗格】按钮，在弹出的下拉列表中选择【冻结首行】选项，完成后的效果如图2.9-1所示。

2. 冻结首列

选中单元格B2，单击【冻结窗格】按钮，在弹出的下拉列表中选择【冻结窗格】选项，完成后的效果如图2.9-2所示。

图2.9-1

图2.9-2

2.10 常见疑难问题解析

问：如何快速插入"√"？

答： 首先选择要插入"√"的单元格，在字体下拉列表中选择"Marlett"字体，输入a或b，即可在单元格中插入"√"。

问：如何同时在多个单元格中输入相同内容？

答： 选定需要输入数据的多个单元格，单元格可以是相邻的，也可以是不相邻的，然后输入相应数据，按【Ctrl】+【Enter】组合键即可。

问： 如何彻底清除单元格的内容？

答： 先选定单元格，然后按【Delete】键，这时仅删除了单元格中的内容，它的格式和批注还保留着。要彻底清除单元格的内容，在Excel 2003/2007中可用以下方法：选定想要清除内容的单元格或单元格区域，单击【编辑】按钮，在弹出的下拉列表中选择【清除】→【全部】即可；在Excel 2010/2013/2016中，在【开始】选项卡的【编辑】组中单击【清除】按钮，在弹出的下拉列表中选择【全部清除】选项即可。

2.11 课后习题

（1）在销售数据明细表中输入文本型数据、常规数据等数据内容（如图2.11-1所示），注意单元格中的数字格式。

（2）冻结销售数据明细表的首行和第3列，如图2.11-2所示。

扫码看视频

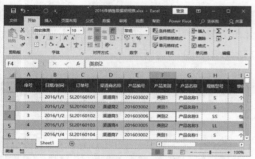

图2.11-1

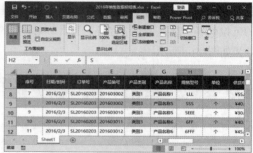

图2.11-2

第 3 章
美化工作表

本章内容简介

除了对工作簿和工作表的基本操作之外，用户还可以对工作表进行各种美化操作。美化工作表的操作主要包括设置单元格格式、设置工作表背景、设置样式、使用主题以及使用批注。本章以美化销售统计表为例，介绍如何美化工作表。

学完本章我能做什么

通过本章的学习，我们能熟练美化工作表，并且可以为单元格添加批注。

学习目标

▶ 设置单元格格式

▶ 设置工作表背景

▶ 设置工作表样式

▶ 使用工作表主题

▶ 使用批注

3.1　设置单元格格式

设置单元格格式的基本操作主要包括设置字体格式、设置数字格式、设置对齐方式以及添加边框和底纹。

3.1.1　设置字体格式

为了使工作表看起来美观，用户可以设置工作表中数据的字体格式。

本实例原始文件和最终效果文件请从网盘下载
原始文件\第3章\销售统计表01
最终效果\第3章\销售统计表02

扫码看视频

设置字体格式的具体步骤如下。

❶　打开本实例的原始文件，选中标题单元格A1，切换到【开始】选项卡，单击【字体】组右下角的【对话框启动器】按钮 🔲，如图3.1-1所示。

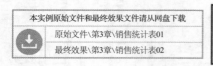

图3.1-1

❷　弹出【设置单元格格式】对话框，切换到【字体】选项卡，从【字体】列表框中选择【微软雅黑】选项，从【字号】列表框中选择【20】选项，然后从【颜色】下拉列表中选择合适的字体颜色，如选择【蓝色】选项，如图3.1-2所示。

图3.1-2

❸　设置完毕，单击【确定】按钮即可，设置效果如图3.1-3所示。

图3.1-3

❹　选中单元格区域A2:H2，单击鼠标右键，然后从弹出的快捷菜单中选择【设置单元格格式】菜单项，如图3.1-4所示。

图3.1-4

❺ 弹出【设置单元格格式】对话框，切换到【字体】选项卡，从【字体】列表框中选择【楷体】选项，从【字号】列表框中选择【14】选项，然后从【颜色】下拉列表中选择合适的字体颜色，例如选择【深红】选项，如图3.1-5所示。

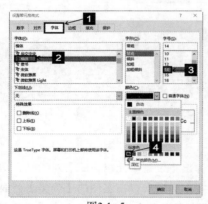

图3.1-5

❻ 单击【确定】按钮，设置效果如图3.1-6所示。

图3.1-6

❼ 选中单元格区域A3:H15，从【字体】组中的【字体】下拉列表中选择【黑体】选项，如图3.1-7所示。

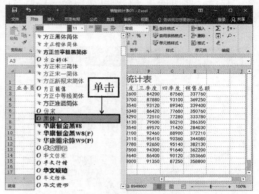

图3.1-7

❽ 单击【字体】组中【字体颜色】按钮 A▾ 右侧的下箭头按钮▾，然后从弹出的下拉列表中选择【黑色，文字1，淡色5%】选项，如图3.1-8所示。

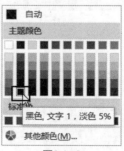

图3.1-8

❾ 设置效果如图3.1-9所示。

图3.1-9

❿ 将鼠标指针移动到C列和D列之间的列标题分隔线上，此时鼠标指针变成 ✛ 形状，在该分隔线上双击，此时即可将C列自动调整为最适合的列宽，效果如图3.1-10所示。

图3.1-10

⓫ 按照同样的方法调整其他列的列宽，效果如图3.1-11所示。

图3.1-11

3.1.2 设置数字格式

为了使表格文本看起来更加清晰、整齐，用户还可以对表格中的内容设置数字格式。Excel 2016提供了多种数字格式，用户可以根据自己的实际需要进行选择。

本实例原始文件和最终效果文件请从网盘下载
原始文件\第3章\销售统计表02
最终效果\第3章\销售统计表03

设置数字格式的具体步骤如下。

❶ 打开本实例的原始文件，选择要设置数字格式的单元格区域A3:A15，切换到【开始】选项卡，单击【数字】组右侧的【对话框启动器】按钮 ⌐，效果如图3.1-12所示。

图3.1-12

❷ 弹出【设置单元格格式】对话框，切换到【数字】选项卡，在左侧的【分类】列表框中选择要设置的数字格式，例如选择【自定义】选项，在右侧的【类型】列表框中输入"000"，如图3.1-13所示。

图3.1-13

❸ 设置完毕，单击【确定】按钮即可，设置效果如图3.1-14所示。

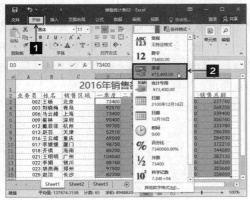

图3.1-14

❹ 选中单元格区域D3:H15，切换到【开始】选项卡，从【数字】组中的【数字格式】下拉列表文本框中选择合适的数字格式选项，例如选择【货币】选项，如图3.1-15所示。

图3.1-15

❺ 此时即可将该单元格区域中的数据的数字格式设置为货币样式，设置效果如图3.1-16所示。

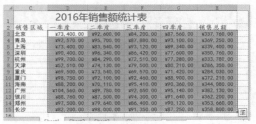

图3.1-16

❻ 用户也可以单击鼠标右键，从弹出的快捷菜单中选择【设置单元格格式】菜单项来设置单元格的数字格式。

3.1.3 设置对齐方式

除了设置数字格式之外，用户还可以设置工作表中数据的对齐方式。

本实例原始文件和最终效果文件请从网盘下载
原始文件\第3章\销售统计表03
最终效果\第3章\销售统计表04

扫码看视频

设置对齐方式数据的具体步骤如下。

❶ 打开本实例的原始文件，选中单元格区域A2:H2，切换到【开始】选项卡，单击【对齐方式】组中的【居中】按钮，如图3.1-17所示。

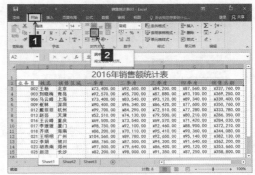

图3.1-17

❷ 此时该单元格区域中的数据居中显示，效果如图3.1-18所示。

图3.1-18

❸ 选中单元格区域A3:H15，单击鼠标右键，然后从弹出的快捷菜单中选择【设置单元格格式】菜单项，如图3.1-19所示。

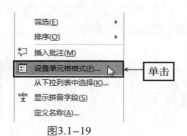

图3.1-19

❹ 弹出【设置单元格格式】对话框，切换到【对齐】选项卡，分别从【水平对齐】和【垂直对齐】下拉列表中选择【居中】选项，如图3.1-20所示。

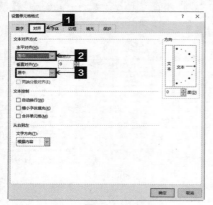

图3.1-20

❺ 单击【确定】按钮，返回工作表，设置效果如图3.1-21所示。

图3.1-21

3.1.4 添加边框和底纹

在编辑工作表的过程中，用户可以为其添加漂亮的边框和底纹。

本实例原始文件和最终效果文件请从网盘下载
原始文件\第3章\销售统计表04
最终效果\第3章\销售统计表05

扫码看视频

1. 添加内外边框

为工作表添加内外边框的具体步骤如下。

❶ 打开本实例的原始文件，选择要添加内外边框的单元格区域A1:H15，单击【字体】组中的【绘制边框线】按钮 右侧的下箭头按钮，然后从弹出的下拉列表中选择【其他边框】选项，如图3.1-22所示。

图3.1-22

❸ 从【样式】列表框中选择内边框的线条样式，从【颜色】下拉列表中选择内边框的线条颜色，例如选择【水绿色，个性色5，深色50%】选项，然后在【预置】组合框中单击【内部】按钮，此时在下方的预览框中即可预览到内边框的设置效果，如图3.1-24所示。

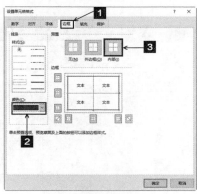

图3.1-24

❷ 弹出【设置单元格格式】对话框，切换到【边框】选项卡，从【样式】列表框中选择外边框的线条样式，从【颜色】下拉列表中选择外边框的线条颜色，例如选择【橄榄色，个性色3，深色50%】选项，然后在【预置】组合框中单击【外边框】按钮，此时在下方的预览框中即可预览到外边框的设置效果，如图3.1-23所示。

❹ 设置完毕，单击【确定】按钮，返回工作表，效果如图3.1-25所示。

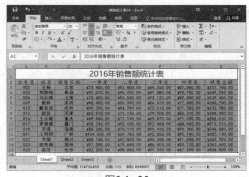

图3.1-25

2. 填充底纹

为工作表填充底纹的具体步骤如下。

❶ 选中要填充底纹的单元格区域A1:H15，单击【字体】组中的【填充颜色】按钮右侧的下箭头按钮，弹出的下拉列表中列出了各种背景颜色，从中选择【水绿色，个性色5，淡色80%】选项，如图3.1-26所示，设置效果如图3.1-27所示。

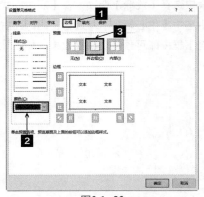

图3.1-23

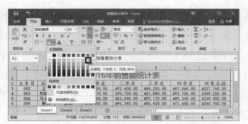

图3.1-26

图3.1-27

❷ 选中要填充底纹的单元格区域A2:H2，按【Ctrl】+【1】组合键打开【设置单元格格式】对话框，切换到【填充】选项卡，在左侧的【背景色】面板中选择填充颜色，例如选择【浅蓝】选项，从【图案颜色】下拉列表中选择【黄色】选项，然后从【图案样式】下拉列表中选择【6.25%，灰色】选项，如图3.1-28所示。

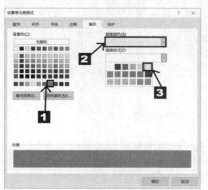

图3.1-28

❸ 设置完毕，单击【确定】按钮即可，设置效果如图3.1-29所示。

图3.1-29

❹ 选中要填充底纹的单元格区域A1:H1，按照前面介绍的方法打开【设置单元格格式】对话框，切换到【填充】选项卡，然后单击【填充效果】按钮，如图3.1-30所示。

图3.1-30

❺ 弹出【填充效果】对话框，从【颜色2】下拉列表中选择【浅绿】选项，在【底纹样式】组合框中选中【中心辐射】单选钮，此时在右侧的【示例】框中即可预览到设置效果，如图3.1-31所示。

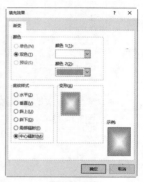

图3.1-31

❻ 单击【确定】按钮，返回【设置单元格格式】对话框，此时在下方的【示例】框中即可预览到设置效果，如图3.1-32所示。

图3.1-32

❼ 单击【确定】按钮即可完成设置，效果如图3.1-33所示。

图3.1-33

3.2 课堂实训——采购物料供应状况表

根据3.1节学习的内容，使采购物料供应状况表中标题栏字体加粗显示，并适当调整字号，然后为工作表中状态为"超订"的单元格添加红色底纹，如图3.2-1所示。

	本期已送数量	未回数量	退回数量	采购数量	仓库库存	状态	存放区	备注
2	300	800	0	1000	800	正常	A-1区	
3	0	1100	0	1000	200	正常	A-1区	
4	500	600	0	1000	1000	正常	A-1区	
5	590	510	0	1000	1090	超订	A-2区	
6	50	10	0	50	250	超订	A-3区	
7	40	0	0	40	240	超订	A-3区	
8	30	0	0	30	230	超订	A-3区	
9	100	1000	0	1000	1100	正常	A-4区	

图3.2-1

专业背景

采购物料供应状况表可以清晰地反映物料的采购、库存数量，可以及时地反映出采购物料与实际需求物料之间的差异。

实训目的

◎ 熟练掌握Excel的设置字体功能

◎ 熟练掌握Excel的填充底纹功能

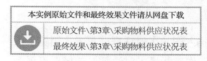

本实例原始文件和最终效果文件请从网盘下载

原始文件\第3章\采购物料供应状况表

最终效果\第3章\采购物料供应状况表

扫码看视频

操作思路

1. 设置字体

在【开始】选项卡的【字体】组中将标题字号调整为14号，并加粗显示，完成后的效果如图3.2-2所示。

2. 填充底纹

通过【字体】组中的【填充效果】按钮为"超订"状态的单元格填充颜色，完成后的效果如图3.2-3所示。

图3.2-2

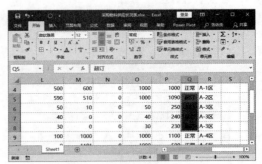

图3.2-3

3.3 设置工作表背景

除了设置单元格格式之外，用户还可以为工作表设置漂亮的背景图片，如可以将自己喜欢的图片文件设置为工作表的背景。

本实例原始文件和最终效果文件请从网盘下载
素材文件\第3章\01.jpg
原始文件\第3章\销售统计表05
最终效果\第3章\销售统计表06

扫码看视频

设置工作表背景的具体步骤如下。

❶ 打开本实例的原始文件，切换到【页面布局】选项卡，然后单击【页面设置】组中的【背景】按钮，如图3.3-1所示。

图3.3-1

❷ 弹出【插入图片】对话框，单击【浏览】按钮，弹出【工作表背景】对话框，选择要设置为工作表背景的图片文件"01"，如图3.3-2所示。

图3.3-2

❸ 选择完毕，单击【打开】按钮即可，设置效果如图3.3-3所示。

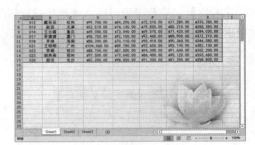

图3.3-3

3.4 设置工作表样式

除了设置单元格格式和工作表背景之外，用户还可以设置工作表的样式，主要包括条件格式、套用表格格式以及设置单元格样式等。

3.4.1 条件格式

所谓条件格式是指当单元格中的数据满足设定的某个条件时，系统会自动将其以设定的格式显示出来。

本实例原始文件和最终效果文件请从网盘下载

原始文件\第3章\销售统计表06

最终效果\第3章\销售统计表07

扫码看视频

条件格式分为突出显示单元格规则、项目选取规则、数据条、色阶和图标集，下面分别进行介绍。

1. 突出显示单元格规则

设置突出单元格规则条件格式的具体步骤如下。

❶ 打开本实例的原始文件，选中单元格区域D3:D15，切换到【开始】选项卡，单击常用工具栏【样式】组中的【条件格式】按钮 条件格式，然后从弹出的下拉列表中选择【突出显示单元格规则】→【小于】选项，如图3.4-1所示。

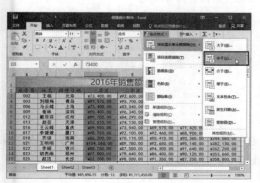

图3.4-1

❷ 弹出【小于】对话框，在【为小于以下值的单元格设置格式】文本框中输入"¥70000.00"，然后从【设置为】下拉列表中选择【黄填充色深黄色文本】选项，如图3.4-2所示。

图3.4-2

❸ 选择完毕，单击【确定】按钮即可，设置效果如图3.4-3所示。

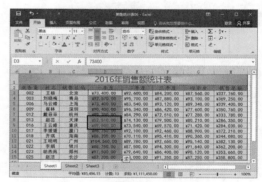

图3.4-3

2. 项目选取规则

设置项目选取规则条件格式的具体步骤如下。

❶ 选中单元格区域E3:E15，切换到【开始】选项卡，单击常用工具栏【样式】组中【条件格式】按钮 条件格式，然后从弹出的下拉列表中选择【项目选取规则】→【高于平均值】选项，如图3.4-4所示。

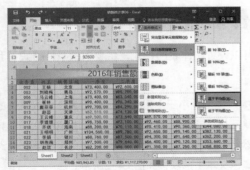

图3.4-4

❷ 弹出【高于平均值】对话框，从【针对选定选区，设置为】下拉列表中选择【自定义格式】选项，如图3.4-5所示。

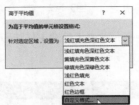

图3.4-5

❸ 弹出【设置单元格格式】对话框，切换到【填充】选项卡，如图3.4-6所示。

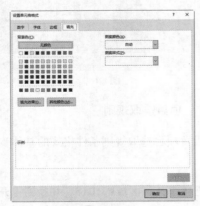

图3.4-6

❹ 单击【其他颜色】按钮，弹出【颜色】对话框，切换到【标准】选项卡，然后在下方的【颜色】面板中选择合适的填充颜色，如图3.4-7所示。

图3.4-7

❺ 选择完毕，单击【确定】按钮，返回【设置单元格格式】对话框，此时在下方的【示例】框中即可预览到填充效果，如图3.4-8所示。

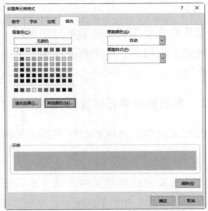

图3.4-8

❻ 单击【确定】按钮，返回【高于平均值】对话框，如图3.4-9所示。

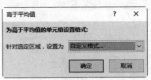

图3.4-9

❼ 单击【确定】按钮，返回工作表，设置效果如图3.4-10所示。

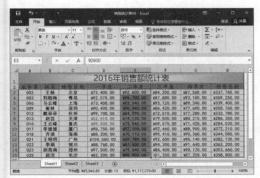

图3.4-10

3. 数据条

设置数据条条件格式的具体方法如下。

选中单元格区域F3:F15，单击【样式】组中的【条件格式】按钮 条件格式▼，然后从弹出的下拉列表中依次选择【数据条】→【红色数据条】选项，如图3.4-11所示。

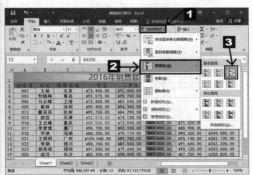

图3.4-11

设置效果如图3.4-12所示。

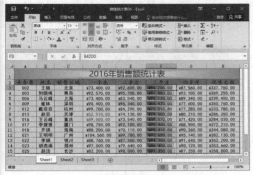

图3.4-12

4. 色阶

设置色阶条件格式的具体方法如下。

选中单元格区域G3:G15，单击【样式】组中的【条件格式】按钮 条件格式▼，然后从弹出的下拉列表中选择【色阶】→【红-白-绿色阶】选项，如图3.4-13所示。

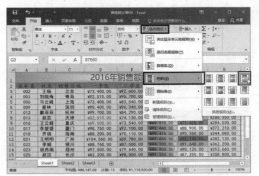

图3.4-13

设置效果如图3.4-14所示。

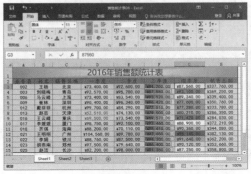

图3.4-14

5. 图标集

设置图标集条件格式的具体方法如下。

选中单元格区域H3:H15，单击【样式】组中的【条件格式】按钮 条件格式▼，然后从弹出的下拉列表中选择【图标集】→【三色交通灯（无边框）】选项，如图3.4-15所示。

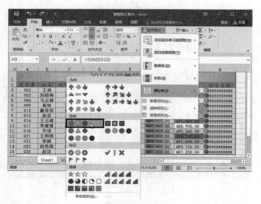

图3.4-15

设置效果如图3.4-16所示。

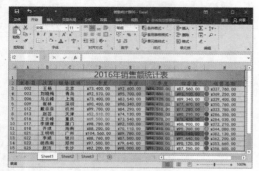

图3.4-16

3.4.2 套用表格格式

Excel 2016自带了一些表格格式，用户可以从中选择合适的进行套用，也可以新建表格格式。

本实例原始文件和最终结果文件请从网盘下载

原始文件\第3章\销售统计表07

最终效果\第3章\销售统计表08

扫码看视频

1. 选择系统自带的表格格式

选择系统自带的表格格式的具体操作步骤如下。

❶ 打开本实例的原始文件，选中单元格区域A1:H15，单击鼠标右键，从弹出的快捷菜单中选择【设置单元格格式】菜单项，如图3.4-17所示。

图3.4-17

❷ 弹出【设置单元格格式】对话框，切换到【填充】选项卡，然后单击【无颜色】按钮，如图3.4-18所示。

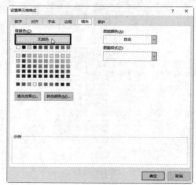

图3.4-18

❸ 单击【确定】按钮返回工作表，即可取消单元格区域A1:H15的底纹设置，如图3.4-19所示。

图3.4-19

❹ 选中要套用表格格式的单元格区域A2:H15。切换到【开始】选项卡，在常用工具栏【样式】组中单击【套用表格格式】按钮 套用表格格式 ，然后从弹出的下拉列表中选择合适的表格格式，如选择【表样式浅色19】选项，如图3.4-20所示。

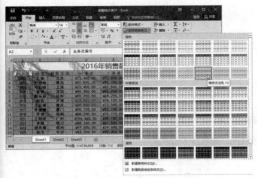

图3.4-20

❺ 弹出【套用表格式】对话框，在【表数据的来源】文本框中显示了用户选中的单元格区域A2:H15，如图3.4-21所示。

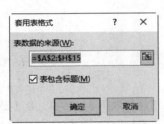

图3.4-21

❻ 单击【确定】按钮，返回工作表，设置效果如图3.4-22所示。

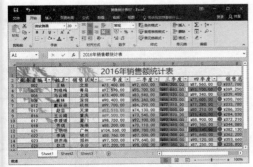

图3.4-22

2. 新建表格格式

用户可以根据自己的实际需要新建表格式，具体的操作步骤如下。

❶ 选中单元格区域A2:H15，切换到【开始】选项卡，从展开的【样式】组中单击【套用表格格式】按钮，然后从弹出的下拉列表中选择【新建表格样式】选项，如图3.4-23所示。

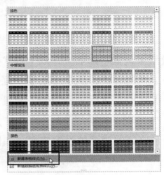

图3.4-23

❷ 弹出【新建表样式】对话框，在左侧的【表元素】列表框中选择【整个表】选项，如图3.4-24所示。

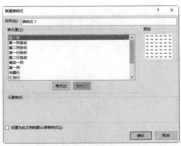

图3.4-24

❸ 单击【格式】按钮，弹出【设置单元格格式】对话框，切换到【字体】选项卡，从【字形】列表框中选择【加粗】选项，然后从【颜色】下拉列表中选择合适的字体颜色，例如选择【紫色，个性色4，深色50%】选项，如图3.4-25所示。

图3.4-25

❹ 切换到【边框】选项卡，从【样式】列表框中选择外边框的样式，从【颜色】下拉列表中选择【黄色】选项，然后在右侧的【预置】组合框中单击【外边框】按钮 ⊞，此时在下方的预览框中即可预览到外边框的设置效果，如图3.4-26所示。

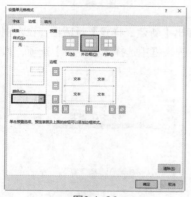

图3.4-26

❺ 从【样式】列表框中选择内边框的样式，选择内边框的线条颜色，如选择【黄色】选项，然后在右侧的【预置】组合框中单击【内部】按钮 ⊞，此时在下方的预览框中即可预览到内边框的设置效果，如图3.4-27所示。

图3.4-27

❻ 切换到【填充】选项卡，单击【填充效果】按钮，如图3.4-28所示。

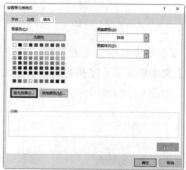

图3.4-28

❼ 弹出【填充效果】对话框，从【颜色1】下拉列表中选择【橙色，个性色6，淡色60%】，从【颜色2】下拉列表中选择【浅绿】选项，在【底纹样式】组合框中选中【中心辐射】单选钮，如图3.4-29所示。

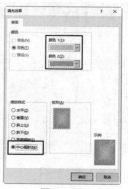

图3.4-29

❽ 设置完毕，单击【确定】按钮，返回【设置单元格格式】对话框，此时在下方的【示例】框中可预览设置效果，如图3.4-30所示。

图3.4-30

❾ 单击【确定】按钮，返回【新建表样式】对话框，单击【确定】按钮即可，如图3.4-31所示。

图3.4-31

❿ 选中单元格区域A2:H15，切换到【开始】选项卡，在常用工具栏【样式】组中单击【套用表格格式】按钮【套用表格格式 ▾】，然后从弹出的下拉列表中选择【表样式1】选项，如图3.4-32所示。

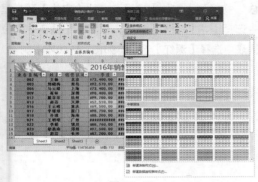

图3.4-32

⓫ 设置效果如图3.4-33所示。

图3.4-33

3.4.3 设置单元格样式

Excel 2016自带了一些单元格样式，用户可以从中选择合适的进行套用，此外，也可以新建单元格样式。

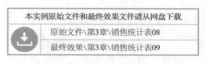
本实例原始文件和最终效果文件请从网盘下载
原始文件\第3章\销售统计表08
最终效果\第3章\销售统计表09

扫码看视频

1. 选择系统自带的单元格样式

选择系统自带的单元格样式的具体操作步骤如下。

❶ 打开本实例的原始文件，选中单元格区域A2:H15，单击【开始】选项卡，在常用工具栏【样式】组中单击【单元格样式】按钮【单元格样式 ▾】，从弹出的下拉列表中选择合适的单元格样式，例如选择【好】选项，如图3.4-34所示。

图3.4-34

从零开始 ▮ Excel 2016办公应用基础教程

❷ 设置效果如图3.4-35所示。

图3.4-35

2. 新建单元格样式

用户可以根据自己的实际需要新建单元格样式，具体的操作步骤如下。

❶ 切换到【开始】选项卡，在常用工具栏【样式】组中单击【单元格样式】按钮 单元格样式 ，从弹出的下拉列表中选择【新建单元格样式】选项，如图3.4-36所示。

图3.4-36

❷ 弹出【样式】对话框，然后在【样式名】文本框中输入"自定义单元格样式"，如图3.4-37所示。

图3.4-37

❸ 单击【格式】按钮，弹出【设置单元格格式】对话框，切换到【数字】选项卡，在左侧的【分类】列表框中选择【自定义】选项，然后在右侧的【类型】文本框中输入"0000"，如图3.4-38所示。

图3.4-38

❹ 切换到【对齐】选项卡，然后分别从【水平对齐】和【垂直对齐】下拉列表中选择【居中】选项，如图3.4-39所示。

图3.4-39

❺ 切换到【字体】选项卡，从【字体】列表框中选择【华文楷体】选项，然后从【颜色】下拉列表中选择【深红】选项，如图3.4-40所示。

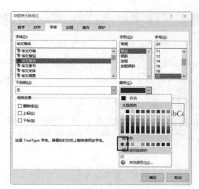

图3.4-40

❻ 切换到【边框】选项卡，从【样式】列表框中选择合适的边框线条样式，从【颜色】下拉列表中选择边框线条颜色，例如选择【紫色】选项，在【预置】列表框中单击【外边框】按钮，此时在下方的预览框中可预览到边框的设置效果，如图3.4-41所示。

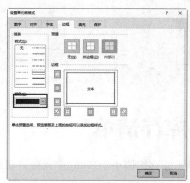

图3.4-41

❼ 切换到【填充】选项卡中，然后单击【填充效果】按钮，如图3.4-42所示。

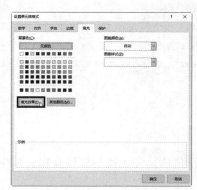

图3.4-42

❽ 弹出【填充效果】对话框，从【颜色1】下拉列表中选择【橙色，个性色6，淡色80%】选项，从【颜色2】下拉列表中选择【浅绿】选项，然后从【底纹样式】组合框中选中【中心辐射】单选框，如图3.4-43所示。

图3.4-43

❾ 设置完毕，单击【确定】按钮，返回【设置单元格格式】对话框，此时在下方的【示例】框中即可预览到设置效果，如图3.4-44所示。

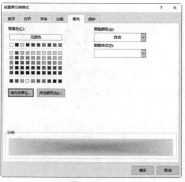

图3.4-44

❿ 设置完毕，单击【确定】按钮，返回【样式】对话框，如图3.4-45所示。

图3.4-45

图3.4-46

⓫ 单击【确定】按钮，选中单元格区域A3:A15，切换到【开始】选项卡，在【样式】组中单击【单元格样式】按钮，然后从弹出的下拉列表中可以看到刚刚新建的【自定义单元格样式】选项，将鼠标指针移动到该选项上，此时即可预览到该单元格样式的设置效果，如图3.4-46所示。

⓬ 单击【自定义单元格样式】选项，即可将选择的单元格区域设置为该样式，设置效果如图3.4-47所示。

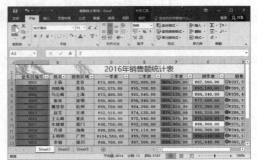

图3.4-47

3.5 课堂实训——库存清单

根据3.4节学习的内容，为库存清单套用样式，并突出显示库存价值小于100的单元格，套用样式前后的效果如图3.5-1所示。

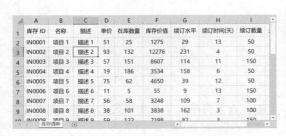

图3.5-1

专业背景

在库存清单中我们可以清楚地看到商品的库存数量及价值，便于我们管理仓库，减少库存积压。

实训目的

◎ 熟练套用表格样式

◎ 熟练掌握如何突出显示单元格

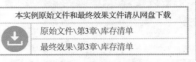

操作思路

1. 套用表格样式

通过【套用表格样式】按钮，为表格选择一个系统样式，完成后的效果如图3.5-2所示。

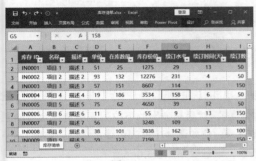

图3.5-2

2. 突出显示单元格

通过【条件格式】突出显示工作表中的库存价值小于100的单元格，完成后的效果如图3.5-3所示。

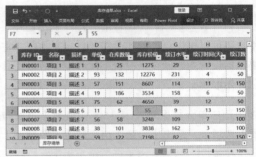

图3.5-3

3.6 使用工作表主题

除了表格样式和单元格样式之外，用户还可以为工作表设置主题。Excel 2016自带了各种各样的主题，用户可以根据自己的喜好进行选择，也可以根据实际需要自定义主题样式。

1. 使用系统自带的主题

使用系统自带的主题的具体方法如下。

打开本实例的原始文件，选中单元格区域A1:H15，切换到【页面布局】选项卡，单击【主题】组中的【主题】按钮，然后从弹出的下拉列表中选择合适的主题，例如选择【包裹】选项，如图3.6-1所示。

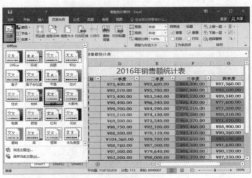

图3.6-1

设置效果如图3.6-2所示。

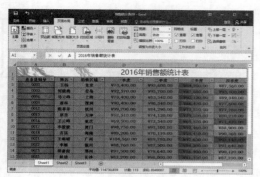

图3.6-2

2. 自定义主题样式

除了使用Excel 2016自带的各种主题之外，用户还可以根据自己的实际需要自定义主题，主要包括设置主题颜色、设置字体和设置效果。具体操作步骤如下。

❶ 选中单元格区域A1:H15，切换到【页面布局】选项卡，单击【主题】组中的【主题颜色】按钮，然后从弹出的下拉列表中选择合适的主题颜色，例如选择【蓝色暖调】选项，如图3.6-3所示。

图3.6-3

❷ 单击【主题】组中的【主题字体】按钮，然后从弹出的下拉列表中选择合适的主题字体，例如选择【Office 2007-2010】选项，如图3.6-4所示。

图3.6-4

❸ 单击【主题】组中的【主题效果】按钮，然后从弹出的下拉列表中选择合适的主题效果，例如选择【发光边缘】选项，如图3.6-5所示，设置效果如图3.6-6所示。

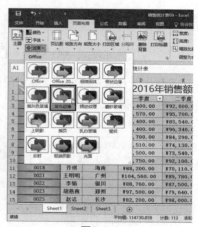

图3.6-5

图3.6-6

3.7　课堂实训——支出预算分析

根据3.6节学习的内容，为支出预算分析工作表重新选择一个主题，最终效果如图3.7-1所示。

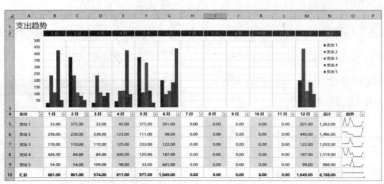

图3.7-1

专业背景

预算是对整个企业的运作做一个全盘的计划，预算管理是较先进的现代企业管理方法，它同企业中的每一个人都有着或直接或间接的关系。

实训目的

◎ 熟练掌握如何使用主题

操作思路

1. 预览主题

单击【页面布局】选项卡中的【主题】按钮，依次将鼠标指针移动到各主题上，即可预览各主题的效果，如图3.7-2所示。

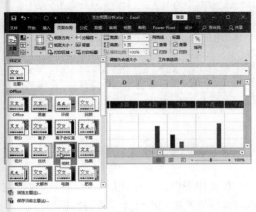

图3.7-2

2. 选择主题

在需要的主题上单击鼠标左键即可应用该主题，完成后的效果如图3.7-3所示。

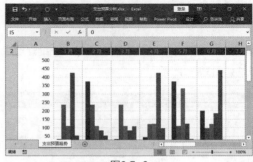

图3.7-3

3.8 使用批注

在工作表中，为了对单元格中的数据进行说明，用户可以为其添加批注，将一些需要注意或者解释的内容显示在批注中，这样可以更加轻松地了解单元格要表达的信息。

3.8.1 插入批注

在工作表中对于一些特殊的数据需要进行强调说明或者要特别地指出来，这时可以使用Excel 2016的插入批注功能来实现。

本实例原始文件和最终效果文件请从网盘下载

| 原始文件\第3章\销售统计表10 |
| 最终效果\第3章\销售统计表11 |

扫码看视频

在工作表中插入批注的具体步骤如下。

❶ 打开本实例的原始文件，选中要插入批注的单元格D8，切换到【审阅】选项卡，然后单击【批注】组中的【新建批注】按钮，如图3.8-1所示。

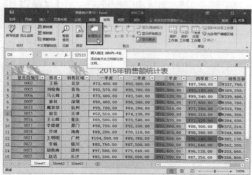

图3.8-1

❷ 此时在单元格D8的右侧会出现一个批注编辑框，如图3.8-2所示。

图3.8-2

❸ 根据实际需要在批注编辑框中输入具体的批注内容，如图3.8-3所示。

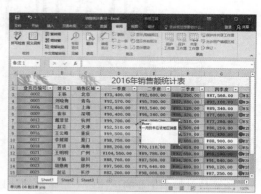

图3.8-3

❹ 输入完毕，在工作表的其他位置单击，即可退出批注的编辑状态。此时批注处于隐藏状态，在单元格D8的右上角会出现一个红色的小三角，用于提醒用户此单元格中有批注，如图3.8-4所示。

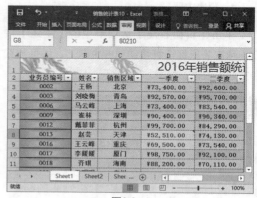

图3.8-4

3.8.2 编辑批注

在工作表中插入批注后，用户可以对批注的内容、位置和大小格式等进行编辑操作。

1. 修改批注内容

编辑批注的具体操作步骤如下。

❶ 打开本实例的原始文件，选中单元格D8，单击鼠标右键，然后从弹出的快捷菜单中选择【编辑批注】菜单项，如图3.8-5所示。

图3.8-5

❷ 此时即可将批注编辑框显示出来，并使之处于编辑状态，如图3.8-6所示。

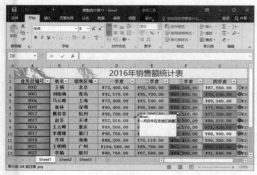

图3.8-6

❸ 根据实际情况修改批注框中的批注内容，如图3.8-7所示。

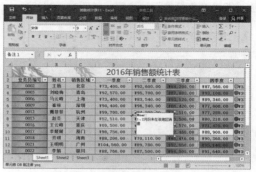

图3.8-7

2. 调整批注位置和大小

为了使批注编辑框中的文本更加醒目，用户可以调整批注的位置和大小。

具体操作步骤如下。

❶ 打开本实例的原始文件，选中单元格D8，单击鼠标右键，然后从弹出的快捷菜单中选择【编辑批注】菜单项，如图3.8-8所示。

图3.8-8

❷　此时即可将批注框显示出来，单击批注框并按住鼠标左键不放，将其拖到合适的位置后释放，即可调整批注框的位置，如图3.8-9所示。

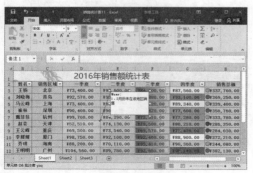

图3.8-9

❸　将鼠标指针移动到批注边框的右下角，此时鼠标指针变成形状，如图3.8-10所示。

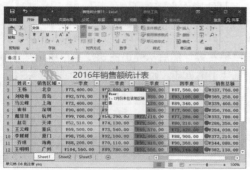

图3.8-10

❹　按住鼠标左键不放向右下角拖动，到合适的位置释放即可改变批注框的大小，如图3.8-11所示。

图3.8-11

3. 设置批注格式

❶　选中批注编辑框，单击鼠标右键，然后从弹出的快捷菜单中选择【设置批注格式】菜单项，如图3.8-12所示。

图3.8-12

❷　弹出【设置批注格式】对话框，切换到【字体】选项卡，从【字体】列表框中选择【隶书】选项，从【字号】列表框中选择【12】选项，然后从【颜色】下拉列表中选择【蓝色】选项，如图3.8-13所示。

图3.8-13

❸　切换到【颜色与线条】选项卡，从【填充】组合框中的【颜色】下拉列表中选择【浅青绿】选项，从【线条】组合框中的【颜色】下拉列表中选择【深绿】选项，然后在右侧的【粗细】微调框中输入"1磅"，如图3.8-14所示。

图3.8-14

❹ 切换到【对齐】选项卡，在【文本对齐方式】组合框中的【垂直】下拉列表中选择【居中】选项，如图3.8-15所示。

图3.8-15

❺ 设置完毕，单击【确定】按钮，设置效果如图3.8-16所示。

图3.8-16

3.8.3 显示和隐藏批注

默认情况下，用户在工作表中添加的批注是处于隐藏状态的，用户可以根据实际情况将批注永久地显示出来。如果不想查看批注，还可以将其永久性地隐藏起来。

1. 让批注一直显示

用户既可以利用右键快捷菜单永久显示批注，也可以利用【审阅】选项卡永久显示批注，具体操作步骤如下。

❶ 打开本实例的原始文件，选中单元格D8，单击鼠标右键，然后从弹出的快捷菜单中选择【显示/隐藏批注】菜单项，如图3.8-17所示。

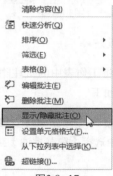

图3.8-17

❷ 此时即可将该单元格中添加的批注显示出来，在工作表中其他位置单击，可以看到该批注编辑框并没有消失，说明该批注已经被永久地显示了，如图3.8-18所示。

图3.8-18

❸ 用户还可以选中单元格D8，切换到【审阅】选项卡，然后单击【批注】组中的【显示/隐藏批注】按钮，将该单元格中添加的批注永久显示出来，如图3.8-19所示。

图3.8-19

2. 隐藏批注

用户可以将工作表中的批注隐藏起来，具体的操作步骤如下。

❶ 选中单元格D8，单击鼠标右键，然后从弹出的快捷菜单中选择【隐藏批注】菜单项，如图3.8-20所示。

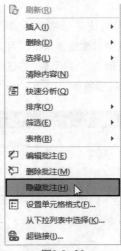

图3.8-20

❷ 此时即可将刚刚显示的批注隐藏起来，如图3.8-21所示。

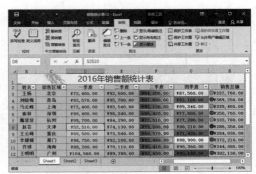

图3.8-21

❸ 用户还可以利用【审阅】选项卡中的【批注】组工具隐藏刚刚显示的批注编辑框。选中单元格D8，切换到【审阅】选项卡，然后单击【批注】组中的【显示/隐藏批注】按钮，即可将显示出的批注隐藏起来，如图3.8-22所示。

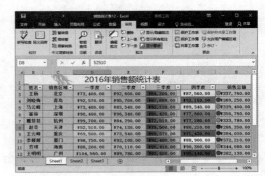

图3.8-22

3.8.4 删除批注

当工作表中的批注不再使用时，可以将其删除。

| 本实例原始文件和最终效果文件请从网盘下载 |
| 原始文件\第3章\销售统计表13 |
| 最终效果\第3章\销售统计表14 |

扫码看视频

删除批注的方法有两种，分别是利用右键快捷菜单和【审阅】选项卡。

1. 利用右键快捷菜单

利用右键快捷菜单删除工作表中的批注的方法很简单。打开本实例的原始文件，选中单元格D8，单击鼠标右键，然后从弹出的快捷菜单中选择【删除批注】菜单项，即可将单元格D8中的批注删除，如图3.8-23所示。

2. 利用【审阅】选项卡

选中单元格D8，切换到【审阅】选项卡，然后单击【批注】组中的【删除批注】按钮 即可，如图3.8-24所示。

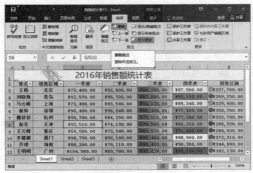

图3.8-24

图3.8-23

3.9 课堂实训——浴室改造费用

根据3.8节学习的内容，为浴室改造费用工作表中的地板费用差额添加批注，最终效果如图3.9-1所示。

	区域	物品	数量	估计	实际	差额			
2	浴室/淋浴	浴缸，铸铁，5英尺，标准	1	¥250.00	¥255.00	(¥5.00)			
3	浴室/淋浴	浴室门，铰链式，标准	1	¥200.00	¥215.00	(¥15.00)			
4	浴室/淋浴	喷头，标准	1	¥50.00	¥66.00	(¥16.00)			
5	浴室/淋浴	浴缸壁图绕物，标准	1	¥200.00	¥219.00	(¥19.00)			
6	橱柜	药柜，24英寸，豪华	1	¥200.00	¥213.00	(¥13.00)			
7	橱柜	带元式梳妆台，30英寸，标准	2	¥200.00	¥216.00	(¥16.00)			
8	台面	瓷砖，豪华（数量以英尺为单位）	5	¥112.50	¥185.00	(¥72.50)			
9	水龙头	水龙头，浴缸，标准	1	¥90.00	¥103.00	(¥13.00)			
10	水龙头	水龙头，淋浴，单把手，标准	1	¥115.00	¥122.00	(¥7.00)			
11	水龙头	水槽水龙头，标准	1	¥95.00	¥101.00	(¥6.00)			
12	地板	瓷砖，标准（数量以平方英尺为单位）	35	¥420.00	¥630.00	(¥210.00)			
13	硬件	毛巾杆，标准	2	¥30.00	¥64.00	(¥34.00)			
14	硬件	卫生纸架	1	¥10.00	¥18.00	(¥8.00)			
15	照明	装墙灯，标准	4	¥100.00	¥168.00	(¥68.00)			
16	水槽	盥洗台，标准	2	¥120.00	¥228.00	(¥8.00)			
17	其他		1	¥20.00	¥40.00	(¥20.00)			
18	小计			¥2,212.50	¥2,743.00	(¥530.50)			
19									

图3.9-1

专业背景

费用表中可以清晰展示各种费用的明细，以及预估费用和实际费用的差异，有利于分析费用计划的执行情况。

实训目的

◎ 熟练掌握如何添加批注
◎ 熟练掌握如何隐藏批注

本实例原始文件和最终效果文件请从网盘下载
原始文件\第3章\浴室改造费用
最终效果\第3章\浴室改造费用
扫码看视频

操作思路

1. 添加批注

选中需要添加批注的单元格，通过【审阅】选项卡中的【新建批注】按钮，为单元格添加批注，效果如图3.9-2所示。

2. 隐藏批注

在有批注的单元格上单击鼠标右键，在弹出的快捷菜单中选择【隐藏批注】菜单项，完成后的效果如图3.9-3所示。

图3.9-2

图3.9-3

3.10　常见疑难问题解析

问： 如何在工作表有数据的行中，隔行插入空行？

答： 首先在工作表左侧插入一列空列，然后在空列中输入奇数至工作表中有数据的最后一行，再继续输入偶数，最后对该列进行排序即可。

问： 如何在批注中插入图片？

答： 选中批注框，然后单击鼠标右键，在弹出的快捷菜单中选择【设置批注格式】菜单项，在弹出的对话框中切换到【颜色与线条】选项卡，在【填充】下拉列表中选择【填充效果】，打开【填充效果】对话框，切换到【图片】选项卡，单击【选择图片】按钮，浏览并找到你要的图片，依次单击【确定】按钮即可。

3.11 课后习题

（1）在贷款分期偿还计划表中，设置其标题的字体和段落格式（如设置标题的字体、字号、颜色以及对齐方式等格式），效果如图3.11-1所示。

（2）为期初余额和利息添加批注（贷款金额为5 000元，年利率为4%），批注效果如图3.11-2所示。

扫码看视频

图3.11-1　　　　　　　　　　　　　　　　图3.11-2

第4章
使用图形对象

本章内容简介

除了对工作簿和工作表的基本操作之外，用户还可以在工作表中使用图形对象。本章以美化员工绩效考核表为例，介绍如何使用图形对象。

学完本章我能做什么

通过本章的学习，我们可以熟练掌握在工作表中插入图片、形状、SmartArt 图形。

学习目标

▶ 使用图片

▶ 使用形状

▶ 使用 SmartArt 图形

4.1　使用图片

用户可以将自己喜欢的图片插入工作表中，这些图片可以是电脑中系统自带的，也可以是用户自己下载的。

4.1.1　插入图片

Excel 2016的功能很强大，不仅可以处理表格数据，而且还可以做简单的图片处理，这里先讲一下如何插入图片。

本实例原始文件和最终效果文件请从网盘下载
素材文件\第4章\01.png~03.png
原始文件\第4章\员工绩效考核表01
最终效果\第4章\员工绩效考核表02

扫码看视频

插入图片的具体步骤如下。

❶　打开本实例的原始文件，切换到【插入】选项卡，然后单击【插图】组中的【图片】按钮，如图4.1-1所示。

图4.1-1

❷　弹出【插入图片】对话框，选择要插入的图片的保存位置，然后从中选择要插入的图片文件，这里选择"01"，如图4.1-2所示。

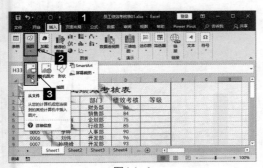

图4.1-2

❸　选择完毕，单击【插入】按钮，即可在工作表中插入图片"01"，效果如图4.1-3所示。

图4.1-3

❹　按照前面介绍的方法打开【插入图片】对话框，可依次插入图片"02"和"03"，效果如图4.1-4所示。

图4.1-4

4.1.2　设置图片格式

将图片插入工作表中之后，用户还可以对其进行格式设置。

本实例原始文件和最终效果文件请从网盘下载
原始文件\第4章\员工绩效考核表02
最终效果\第4章\员工绩效考核表03

扫码看视频

设置图片格式的具体步骤如下。

❶ 打开本实例的原始文件，选中图片"01"，单击鼠标右键，然后从弹出的快捷菜单中选择【大小和属性】菜单项，如图4.1-5所示。

图4.1-5

❷ 弹出【设置图片格式】任务窗格，切换到【大小】选项卡，勾选【锁定纵横比】复选框，然后在【高度】微调框中输入"0.6厘米"，如图4.1-6所示。

图4.1-6

❸ 设置完毕，效果如图4.1-7所示。

图4.1-7

❹ 选择图片"02"，切换到【图片工具】栏的【格式】选项卡，单击【大小】组右下角的【对话框启动器】按钮，如图4.1-8所示。

图4.1-8

❺ 弹出【设置图片格式】任务窗格，切换到【大小】选项卡，勾选【锁定纵横比】复选框，在【高度】微调框中输入"0.6厘米"，如图4.1-9所示。

图4.1-9

❻ 设置完毕，效果如图4.1-10所示。

图4.1-10

❼ 选择图片"03"，切换到【格式】选项卡，然后在【形状高度】微调框中输入"0.6厘米"，在【形状宽度】微调框中输入"0.61厘米"，如图4.1-11所示。

图4.1-11

❽ 选中第3行到第14行，单击鼠标右键，从弹出的快捷菜单中选择【行高】菜单项，如图4.1-12所示。

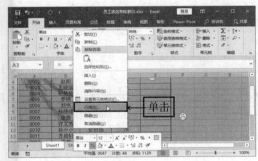

图4.1-12

❾ 弹出【行高】对话框，然后在文本框中输入"21"，如图4.1-13所示。

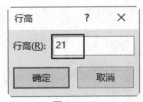

图4.1-13

❿ 输入完毕，单击【确定】按钮即可，效果如图4.1-14所示。

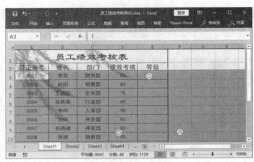

图4.1-14

⓫ 选择图片"01"，将其移动到单元格E3的中心位置，如图4.1-15所示。

图4.1-15

⓬ 选择图片"01"，单击鼠标右键，从弹出的快捷菜单中选择【复制】菜单项，如图4.1-16所示。

图4.1-16

⑬ 选择单元格E4，然后在【剪贴板】组中单击【粘贴】按钮的上半部分，如图4.1-17所示。

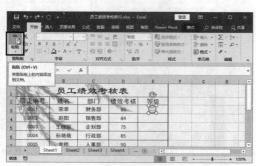

图4.1-17

⑭ 此时即可在单元格E4中粘贴一个图片"01"，然后将其移动到合适的位置，如图4.1-18所示。

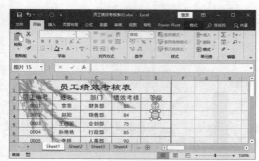

图4.1-18

⑮ 按照同样的方法将图片"01"复制到单元格E6、E13和E14中，并移动到合适的位置，如图4.1-19所示。

图4.1-19

⑯ 按照同样的方法复制图片"02""03"，并将其移动到合适的位置，如图4.1-20所示。

图4.1-20

4.2 课堂实训——采购物料供应状况表

根据4.1节学习的内容，为菠菜羊乳酪披萨菜谱配图，效果如图4.2-1所示。

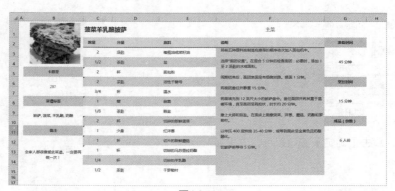

图4.2-1

专业背景

菜谱是厨师利用各种烹饪原料、通过各种烹调技法创作出的某一菜肴的烧菜方法。

实训目的

本实例原始文件和最终效果文件请从网盘下载
原始文件\第4章\菜谱
最终效果\第4章\菜谱

扫码看视频

◎ 熟练掌握Excel的插入图片功能

◎ 熟练掌握如何调整图片大小和位置

操作思路

1. 插入图片

通过【插入】选项卡中的【插入图片】按钮，在工作表中插入图片，效果如图4.2-2所示。

图4.2-2

2. 调整图片大小和位置

要求通过【图片工具】栏【格式】选项卡下的【高度】和【宽度】微调框调整图片的大小，并通过鼠标调整图片位置，效果如图4.2-3所示。

图4.2-3

4.3 使用形状

Excel 2016中提供了各种各样的形状，用户可以根据自己的实际需要选择插入并设置其格式。

4.3.1 插入形状

Excel 2016提供了各种各样的形状，用户可以根据自己的实际需要选择插入。

本实例原始文件和最终效果文件请从网盘下载
原始文件\第4章\员工绩效考核表03
最终效果\第4章\员工绩效考核表04

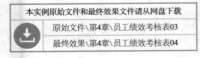

扫码看视频

❶ 打开本实例的原始文件，切换到【插入】选项卡，在【插图】组中单击【形状】按钮，从下拉列表中选择合适的形状，如选择【卷形：水平】形状，如图4.3-1所示。

图4.3-1

❷ 此时鼠标指针变成十字形状，在工作表中单击并拖动鼠标，即可在工作表中插入选中的形状，如图4.3-2所示。

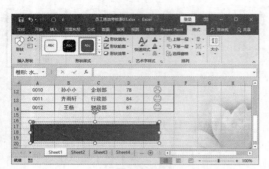

图4.3-2

4.3.2 设置形状格式

在工作表中插入形状后，用户还可以设置其格式，以便使形状看起来更加美观。

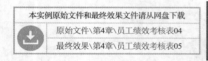

本实例原始文件和最终效果文件请从网盘下载
原始文件\第4章\员工绩效考核表04
最终效果\第4章\员工绩效考核表05
扫码看视频

设置形状格式的具体步骤如下。

❶ 打开本实例的原始文件，选择插入的形状，切换到【绘图工具】栏的【格式】选项卡，在【形状样式】组中，单击【形状填充】按钮的右半部分，在弹出的下拉列表中选择一种合适的颜色，如图4.3-3所示。

图4.3-3

❷ 在【形状样式】组中，单击【形状轮廓】按钮的右半部分，在弹出的下拉列表中选择一种合适的颜色，如图4.3-4所示。

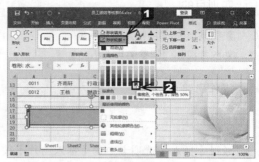

图4.3-4

❸ 调整形状大小。在【大小】组中的【高度】和【宽度】微调框中输入合适的数值，此处分别输入"2厘米"和"10厘米"，如图4.3-5所示。

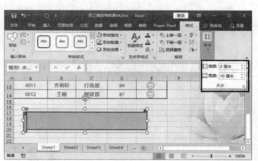

图4.3-5

❹ 调整完毕，按住鼠标左键拖动鼠标，将形状拖动到合适的位置后释放鼠标即可，如图4.3-6所示。

图4.3-6

4.3.3 编辑文字

在工作表中插入形状后，还可以在形状中编辑文字，具体操作步骤如下。

本实例原始文件和最终效果文件请从网盘下载

原始文件\第4章\员工绩效考核表05

最终效果\第4章\员工绩效考核表06

扫码看视频

❶ 打开本实例的原始文件，在形状上单击鼠标右键，在弹出的快捷菜单中选择【编辑文字】菜单项，如图4.3-7所示。

图4.3-7

❷ 形状随即进入可编辑状态，切换到【开始】选项卡，在【字体】组中的【字体】下拉列表中选择【微软雅黑】选项，在【字号】下拉列表中选择【20】选项，然后依次单击【垂直居中】按钮和【居中】按钮，如图4.3-8所示。

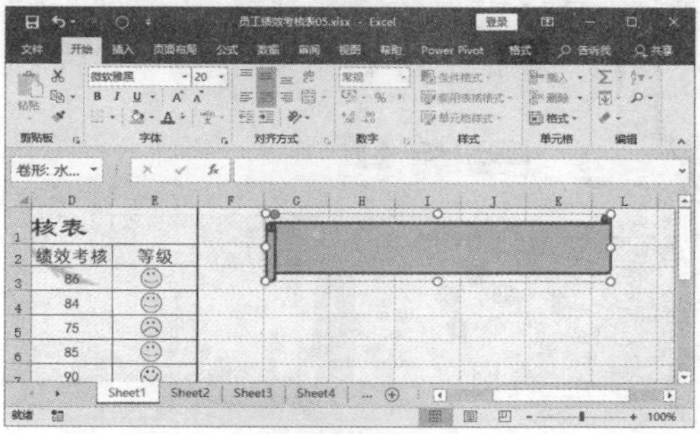

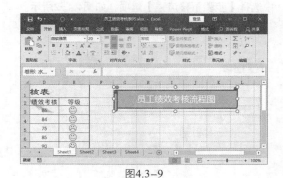

图4.3-8

❸ 在形状中输入文字"员工绩效考核流程图"，如图4.3-9所示。

图4.3-9

4.4 使用SmartArt图形

SmartArt图形是信息和观点的视觉表示形式。用户可以通过从多种不同布局中进行选择来创建SmartArt图形，从而快速、轻松、有效地传达信息。

4.4.1 插入 SmartArt 图形

Excel 2016提供了多种样式的SmartArt图形，用户可以利用它制作流程图。

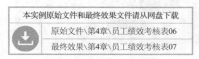

本实例原始文件和最终效果文件请从网盘下载

原始文件\第4章\员工绩效考核表06

最终效果\第4章\员工绩效考核表07

扫码看视频

插入SmartArt图形的具体步骤如下。

❶ 打开本实例的原始文件，切换到【插入】选项卡，在【插图】组中单击【插入SmartArt图形】按钮，如图4.4-1所示。

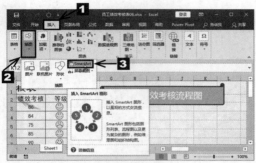

图4.4-1

❷ 弹出【选择SmartArt图形】对话框，在左侧的列表框中选择【流程】选项，在右侧的列表框中选择【步骤下移流程】选项，如图4.4-2所示。

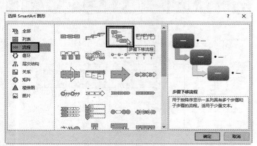

图4.4-2

❸ 选择完毕，单击【确定】按钮，此时即可在工作表中插入一个步骤下移流程图形，效果如图4.4-3所示。

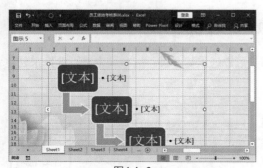

图4.4-3

❹ 员工绩效考核总共有5个流程，而当前我们插入的流程图中只有3个流程，所以我们还需要为流程图添加2个形状。选中流程图中的任意一个形状，单击鼠标右键，在弹出的快捷菜单中选择【添加形状】→【在后面添加形状】菜单项，如图4.4-4所示。

图4.4-4

❺ 此时即可在选中形状的下面添加一个新的形状，如图4.4-5所示。

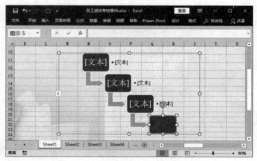

图4.4-5

❻ 按照同样的方法，在流程图中的形状后面再插入一个形状，如图4.4-6所示。

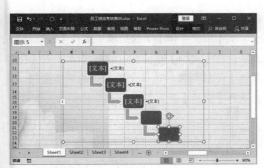

图4.4-6

⑦ 至此形状就添加完毕了，用户可以在流程图的形状中添加流程的具体文本，如图4.4-7所示。

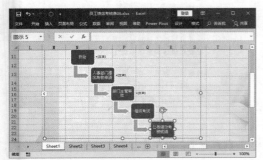

图4.4-7

4.4.2 设置 SmartArt 图形格式

为了使插入的SmartArt图形看起来更加美观，用户可以设置其格式。

设置SmartArt图形格式的具体步骤如下。

❶ 打开本实例的原始文件，将鼠标指针移动到SmartArt图形的外边框上，此时鼠标指针变成形状，按住鼠标左键不放，将SmartArt图形拖动到合适的位置后释放鼠标即可，如图4.4-8所示。

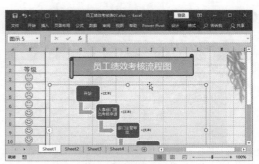

图4.4-8

❷ 按【Ctrl】+【A】组合键，选中整个SmartArt图形，切换到【绘图工具】栏的【格式】选项卡，单击【形状样式】组右侧的【其他】按钮，如图4.4-9所示。

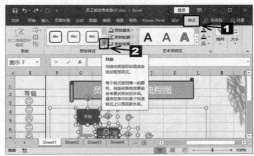

图4.4-9

❸ 从弹出的列表框中选择【细微效果-水绿色，强调颜色5】选项，如图4.4-10所示。

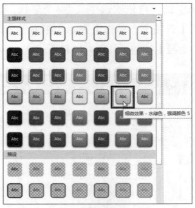

图4.4-10

❹ 设置完毕，如图4.4-11所示。

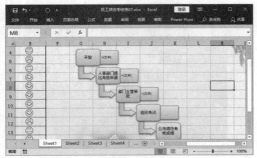

图4.4-11

❺ 插入的SmartArt图形默认在每个流程后面带有书写解释文本的位置，而此处我们不需要解释文本，所以可以直接将其选中，按【Delete】键删除，如图4.4-12所示。

图4.4-12

❻ 选中SmartArt图形中的一个形状，然后按【Shift】键，再依次选中其他4个形状，切换到【开始】选项卡，单击【开始】组右下角的【对话框启动器】按钮，如图4.4-13所示。

图4.4-13

❼ 弹出【字体】对话框，切换到【字体】选项卡，从【中文字体】下拉列表中选择【微软雅黑】选项，在【大小】微调框中输入"14"，在【字体颜色】下拉列表中选择一种合适的字体颜色，此处选择【深蓝】色，如图4.4-14所示。

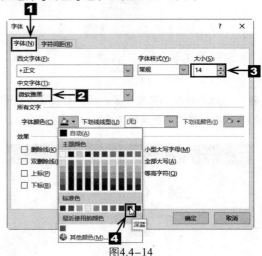

图4.4-14

❽ 设置完毕，单击【确定】按钮，返回工作表，如图4.4-15所示。

图4.4-15

❾ 由于我们将字体调大了，所以图形中的文本就会显示不全，此时可以通过鼠标拖曳SmartArt图形右下角的控制点来适当调整图形的大小，使文本完整显示，效果如图4.4-16所示。

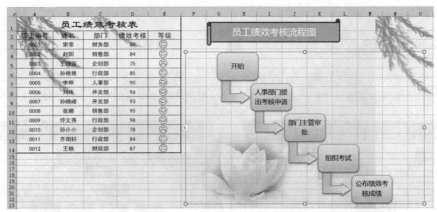

图4.4-16

4.5 课堂实训——组织结构图

根据4.4节学习的内容，制作一个如图4.5-1所示的组织结构图。

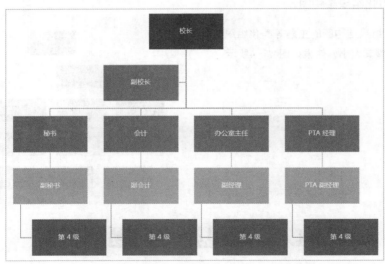

图4.5-1

专业背景

组织结构图把企业组织分成若干部分，并且标明各部分之间可能存在的各种关系。

实训目的

◎ 熟练掌握如何在Excel中插入SmartArt图形

◎ 熟练掌握如何调整SmartArt图形

本实例原始文件和最终效果文件请从网盘下载

原始文件\第4章\无

最终效果\第4章\组织结构图

扫码看视频

操作思路

1. 插入组织结构图

通过【插入SmartArt图形】按钮在工作表中插入组织结构图，效果如图4.5-2所示。

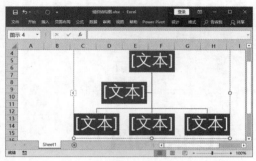

图4.5-2

2. 编辑文字

在插入的组织结构图中输入对应的文字，并根据内容多少添加形状，效果如图4.5-3所示。

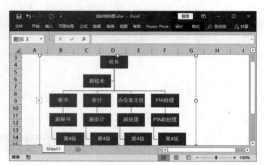

图4.5-3

3. 设置美化组织结构图

通过设置组织结构图的主题等美化组织结构图，并适当调整其大小，效果如图4.5-4所示。

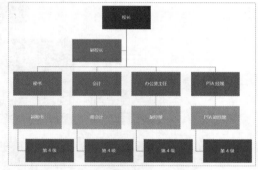

图4.5-4

4.6 常见疑难问题解析

问：在Excel 2016中如何一次选中多个图表或图形对象？

答：切换到【开始】选项卡，在【编辑】组中单击【查找和选择】按钮，在弹出的下拉菜单中选中【选择对象】菜单项，鼠标指针变为一个空心键形，然后再用其在工作表中框取一个包含图形对象的范围，即可选中多个对象。操作完成后，应取消勾选【选择对象】菜单项，让鼠标指针恢复到正常状态。

问：如何同时选中工作表中的所有图片？

答：在切换到【开始】选项卡，在【编辑】组中单击【查找和选择】按钮，在弹出的下拉菜单中选中【定位条件】菜单项，弹出【定位条件】对话框，选中【对象】单选钮，单击【确定】按钮，所有图片就都被选中了。

4.7 课后习题

通过插入图片，制作一个图文并茂的课程表，如图4.7-1所示。

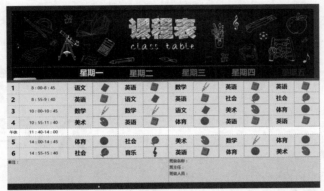

图4.7-1

第 5 章
公式与函数

本章内容简介

公式与函数不仅可以辅助用户更加准确快捷地制作表单，而且还是数据处理与分析的核心功能之一。本章我们从分析问题出发，根据问题的复杂程度选用不同的公式输入方式。

学完本章我能做什么

通过本章的学习，我们可以熟练掌握公式及函数的使用。

学习目标

▶ **认识公式和函数**

▶ **输入并编辑公式**

▶ **公式与函数的应用**

5.1 认识公式和函数

公式与函数是在Excel中进行数据输入、统计、分析必不可少的工具之一。要想学好公式与函数，理清问题的逻辑思路是关键。

5.1.1 公式的基本概念

Excel中的公式是以等号（=）开头，通过使用运算符将数据和函数等元素按一定顺序连接在一起的表达式。在Excel中，凡是在单元格中先输入等号（=），再输入其他数据的，都会被自动判定为公式。

我们以如下两个公式为例，介绍一下公式的组成与结构。

<公式1>

=TEXT(MID(A2,7,8),"0000-00-00")

这是一个从18位身份证号中提取出生日期的公式，如图5.1-1所示。

C2 =TEXT(MID(A2,7,8),"0000-00-00")

	A	B	C	D
1	身份证号	性别	生日	年龄
2	51****197604095634	男	1976-04-09	43
3	41****197805216362	女	1978-05-21	41
4	43****197302247985	女	1973-02-24	46
5	23****197103068261	女	1971-03-06	48
6	36****196107246846	女	1961-07-24	57
7	41****197804215550	男	1978-04-21	41

图5.1–1

<公式2>

=(TODAY()–C2)/365

这是一个根据出生日期计算年龄（2019年）的公式，如图5.1–2所示。

D2 =(TODAY()-C2)/365

	A	B	C	D
1	身份证号	性别	生日	年龄
2	51****197604095634	男	1976-04-09	43
3	41****197805216362	女	1978-05-21	41
4	43****197302247985	女	1973-02-24	46
5	23****197103068261	女	1971-03-06	48
6	36****196107246846	女	1961-07-24	57
7	41****197804215550	男	1978-04-21	41

图5.1–2

公式由以下几个基本元素组成。

①等号（=）：公式必须以等号开头。如公式1、公式2。

②常量：常量包括常数和字符串。例如公式1中的7和8都是常数，"0000–00–00"是字符串；公式2中的365也是常数。

③单元格引用：单元格引用是指以单元格地址或名称来代表单元格的数据进行计算。例如公式1中的A2，公式2中的C2。

④函数：函数也是公式中的一个元素，对一些特殊、复杂的运算，使用函数会更简单。例如公式1中的TEXT和MID都是函数，公式2中的TODAY也是函数。

⑤括号：一般每个函数后面都会跟一个括号，用于设置参数，另外括号还可以用于控制公式中各元素运算的先后顺序。

⑥运算符：运算符是将多个参与计算的元素连接起来的运算符号。Excel公式中的运算符包含引用运算符、算数运算符、文本运算符和比较运算符。例如公式2中的“/”。

提示：在Excel的公式中，开头的等号（=）可以用加号（+）代替。

5.1.2 函数的基本概念

Excel 2016提供了大量的内置函数，利用这些函数进行数据计算与分析，不仅可以大大提高工作效率，还可以提高数据计算与分析的准确率。

1. 函数的基本构成

函数大部分由函数名称和函数参数两部分组成，即“=函数名(参数1,参数2,…,参数*n*)”，例如“=SUM(A1:A10)”就是单元格区域A1:A10的数值求和。

还有小部分函数没有函数参数，形式为"=函数名()"，例如"=TODAY()"就是得到系统的当前日期的函数。

2. 函数的种类

根据运算类别及应用行业的不同，Excel 2016中的函数可以分为财务、日期与时间、数学与三角函数、统计、查找与引用、数据库、文本、逻辑、信息、多维数据集、兼容性、Web。

5.2　输入并编辑公式

在表格中输入公式的方法有两种，用户既可以在单元格中输入公式，也可以在编辑栏中输入公式。

本实例原始文件和最终效果文件请从网盘下载

原始文件\第5章\销售数据分析.xlsx
最终效果\第5章\销售数据分析.xlsx
扫码看视频

5.2.1　输入公式

❶ 打开本实例的原始文件，选中单元格D3，输入公式"=B3/C3"，如图5.2-1所示。

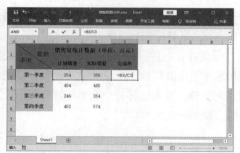

图5.2-1

❷ 输入完毕，直接按【Enter】键即可，如图5.2-2所示。

图5.2-2

5.2.2　修改公式

输入公式后，用户还可以对其进行编辑，主要包括修改公式、复制公式和显示公式。

❶ 双击要修改公式所在的单元格D3，此时公式进入修改状态，如图5.2-3所示。

图5.2-3

❷ 输入修改后的公式"=C3/B3"，修改完毕，直接按【Enter】键即可，如图5.2-4所示。

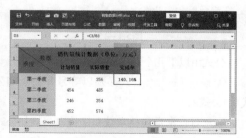

图5.2-4

5.2.3 复制公式

用户既可以对公式进行单个复制，也可以进行快速填充。

❶ 单个复制公式。选中要复制的公式所在的单元格D3，然后按【Ctrl】+【C】组合键，如图5.2-5所示。

图5.2-5

❷ 选中公式要复制到的单元格D4，然后按【Ctrl】+【V】组合键，如图5.2-6所示。

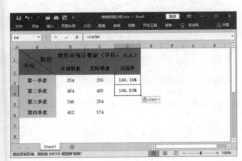

图5.2-6

❸ 快速填充公式。选中要复制的公式所在的单元格D4，然后将鼠标指针移动到单元格的右下角，此时鼠标指针变成十字形状，如图5.2-7所示。

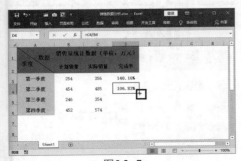

图5.2-7

❹ 按住鼠标左键不放，向下拖曳鼠标指针到单元格D6，释放鼠标左键，此时单元格D3中的公式就填充到了单元格区域D4:D6，如图5.2-8所示。

图5.2-8

5.2.4 显示公式

❶ 选中单元格区域D3:D6，切换到【公式】选项卡，单击【公式审核】组中的【显示公式】按钮，如图5.2-9所示。

图5.2-9

❷ 此时，工作表中的所有公式都显示出来了，如图5.2-10所示。如果要取消显示，再次单击【公式审核】组中的【显示公式】按钮即可。

图5.2-10

5.3 课堂实训——使用公式计算销售额

下面通过某公司销售部门的销售明细表来学习使用公式计算销售额的具体方法。

专业背景

通过使用公式可以更加方便快捷地计算出想要的数据，下面就来具体学习。

实训目的

◎ 掌握使用公式的方法

◎ 通过使用公式来计算销售额

本实例原始文件和最终效果文件请从网盘下载
原始文件\第5章\销售情况表
最终效果\第5章\销售情况表

扫码看视频

操作思路

❶ 打开本实例的原始文件，选中单元格H3，切换到【公式】选项卡，单击【函数库】组中的【自动求和】按钮，在弹出的下拉列表中选择【求和】选项，如图5.3-1所示。

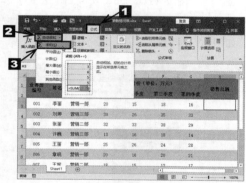

图5.3-1

❷ 单元格H3中已经得出了计算结果，如图5.3-2所示。

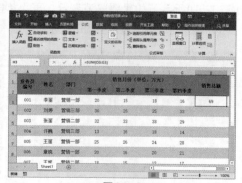

图5.3-2

❸ 选中单元格H3，将鼠标指针移动到单元格的右下角，此时鼠标指针变成十字形状，然后按住鼠标左键不放，向下拖曳鼠标指针到单元格H12，释放鼠标左键，此时单元格H3中的公式就填充到了单元格区域H4:H12中，如图5.3-3所示。

图5.3-3

❹ 选中单元格I3，切换到【公式】选项卡，在【函数库】组中单击【其他函数】下三角按钮，在弹出的下拉列表中选择【统计】→【RANK.EQ】函数，如图5.3-4所示。

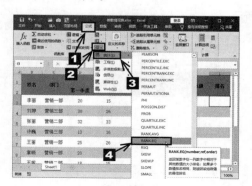

图5.3-4

❺ 弹出【函数参数】对话框，在【Number】和【Ref】文本框中输入参数，如图5.3-5所示。

图5.3-5

❻ 单击【确定】按钮，返回工作表中，即可查看到排名情况，如图5.3-6所示。

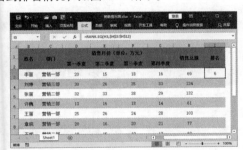

图5.3-6

❼ 选中单元格I3，将鼠标指针移动到单元格的右下角，此时鼠标指针变成十字形状，然后按住鼠标左键不放，向下拖曳鼠标指针到单元格I12，释放鼠标左键，此时单元格I3中的公式就填充到了单元格区域I4:I12中，如图5.3-7所示。

图5.3-7

5.4 逻辑函数

逻辑函数是一种用于进行真假值判断或复合检验的函数。逻辑函数是Excel函数中最常用的函数之一，常用的逻辑函数包括AND、IF、OR等。

Excel中常用的逻辑值是"TRUE"和"FALSE"，它们等同于我们日常语言中的"是"和"不是"："TRUE"是逻辑值真，表示"是"的意思；而"FALSE"是逻辑值假，表示"不是"的意思。

5.4.1 用于条件判断的 IF 函数

IF函数可以说是逻辑函数中的王者了，它的应用十分广泛，基本用法：根据指定的条件进行判断，得到满足条件的结果1或者不满足条件的结果2。其语法格式为如下。

IF(判断条件,满足条件的是结果1,不满足条件的是结果2)

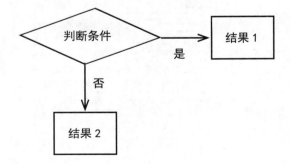

下面通过一个具体案例来学习IF函数的实际应用。

公司规定上班时间为8:00，下班时间为17:00，计算每个人迟到和早退的分钟数，如图5.4-1所示。

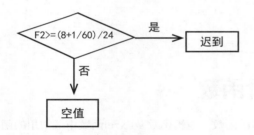

图5.4-1

首先，我们分析一下这个问题，并根据分析制作一个逻辑关系图。

上班时间超过8:01即为迟到，下班时间早于17:00即为早退。

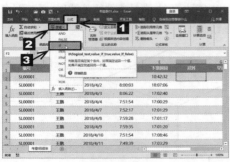

❶ 打开本实例的原始文件，选中单元格F2，切换到【公式】选项卡，在【函数库】组中单击【逻辑】按钮，在弹出的下拉列表中选择【IF】函数，如图5.4-2所示。

图5.4-2

❷ 弹出【函数参数】对话框，按照前面的逻辑关系图，输入判断条件"F2>=(8+1/60)/24"，满足条件的结果1是"迟到"，不满足条件的结果2是空值，如图5.4-3所示。

图5.4-3

❸ 设置完毕，单击【确定】按钮，返回工作表，效果如图5.4-4所示。

图5.4-4

❹ 将鼠标指针移动到单元格F2的右下角，双击鼠标左键，即可将公式带格式地填充到下面的单元格，同时弹出一个【自动填充选项】按钮，单击此按钮，在弹出的下拉列表中选中【不带格式填充】单选钮，如图5.4-5所示。

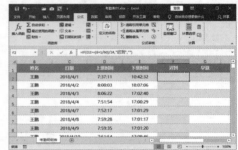

图5.4-5

❺ 可以将公式不带格式地填到下面的单元格中。用户可以按照相同的方法，判断员工是否早退，效果如图5.4-6所示。

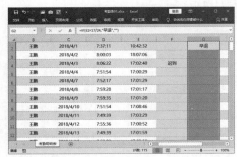

图5.4-6

5.4.2 AND 函数

本实例原始文件和最终效果文件请从网盘实例
原始文件\第5章\考勤表01
最终效果\第5章\考勤表02

扫码看视频

AND函数就是用来判断多个条件是否同时成立的逻辑函数，其语法格式如下。

AND(条件1,条件2,…)

AND函数的特点是：在众多条件中，只有所有条件全部为真时，其逻辑值才为真；只要有一个为假，其逻辑值即为假。

条件一	条件二	逻辑值
真	真	真
真	假	假
假	真	假
假	假	假

但是，由于AND函数的结果就是一个逻辑值TRUE或FALSE，不能直接参与数据计算与处理，一般需要与其他函数嵌套使用。例如前面介绍的IF函数只是对一个条件进行的判断，在实际数据处理中，经常需要同时对几个条件进行判断，例如要判断员工是否正常出勤，所谓正常出勤，就是既不迟到也不早退，也就是说要同时满足两个条件才能算正常出勤。此时只使用IF函数是无法对是否正常出勤做出判断的，这里就需要使用AND函数来辅助了。

我们根据条件制作一个逻辑关系图。首先确定判断条件，判断条件就是既不迟到也不早退，即上班时间早于8:01，下班时间晚于17:00；然后确定判断的结果，满足两个条件结果为"是"，不满足条件结果为"否"。

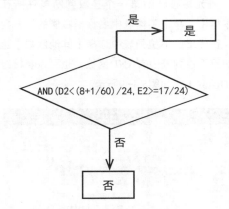

具体操作步骤如下。

❶ 打开本实例的原始文件，选中单元格I2，切换到【公式】选项卡，在【函数库】组中单击【逻辑】按钮，在弹出的下拉列表中选择【IF】函数选项，如图5.4-7所示。

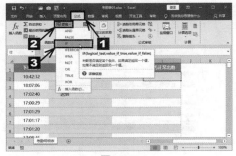

图5.4-7

❷ 弹出【函数参数】对话框，我们先把简单的参数设置好，满足条件的结果1"是"，不满足条件的结果2"否"，如图5.4-8所示。

图5.4-8

❸ 将光标移动到第一个参数判断条件所在的文本框中,单击工作表中名称框右侧的下三角按钮,在弹出的下拉列表中选择【其他函数】选项(如果下拉列表中有AND函数,也可以直接选择AND函数),如图5.4-9所示。

图5.4-9

❹ 弹出【插入函数】对话框,在【或选择类别】下拉列表中选择【逻辑】选项,在【选择函数】列表框中选择【AND】函数,如图5.4-10所示。

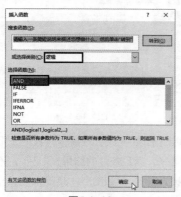

图5.4-10

❺ 单击【确定】按钮,弹出AND函数的【函数参数】对话框,依次在两个参数文本框中输入参数"D2<(8+1/60)/24"和"E2>=17/24",如图5.4-11所示。

图5.4-11

❻ 单击【确定】按钮,返回工作表,效果如图5.4-12所示。

图5.4-12

❼ 按照前面的方法,将单元格I2中的公式不带格式地填充到下面的单元格区域中,如图5.4-13所示。

图5.4-13

5.4.3 OR 函数

本实例原始文件和最终效果文件请从网盘下载

| 原始文件\第5章\考勤表02 |
| 最终效果\第5章\考勤表03 |

扫码看视频

OR函数的功能是对公式中的条件进行连接，且这些条件中只要有一个满足条件，其结果就为真。其语法格式如下。

OR(条件1,条件2,…)

OR函数的特点是：在众多条件中，只要有一个条件为真，其逻辑值就为真；只有全部条件为假，其逻辑值才为假。

条件一	条件二	逻辑值
真	真	真
真	假	真
假	真	真
假	假	假

OR函数与AND函数的结果一样，也是一个逻辑值TRUE或FALSE，不能直接参与数据计算与处理，一般需要与其他函数嵌套使用。例如要判断员工是否旷工，假设迟到或早退半小时以上都算旷工，也就是说只要满足两个条件中的任何一个条件就算旷工。

我们根据条件制作一个逻辑关系图。首先确定判断条件，判断条件就是迟到半小时以上或早退半小时以上，即上班时间晚于8:31，下班时间早于16:30；然后确定判断的结果，满足一个条件或两个条件的结果为"旷工"，不满足条件的结果为空值。

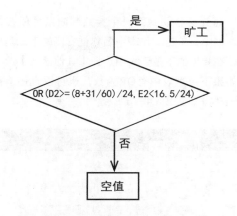

具体操作步骤如下。

❶ 打开本实例的原始文件，选中单元格H2，切换到【公式】选项卡，在【函数库】组中单击【逻辑】按钮，在弹出的下拉列表中选择【IF】函数选项，如图5.4-14所示。

图5.4-14

❷ 弹出【函数参数】对话框，首先我们先把简单的参数设置好，满足条件的结果1为"旷工"，不满足条件的结果2为空值，如图5.4-15所示。

图5.4-15

❸ 将光标移动到第一个参数判断条件所在的文本框中，单击工作表中名称框右侧的下三角按钮，在弹出的下拉列表中选择【其他函数】选项（如果下拉列表中有OR函数，也可以直接选择OR函数），如图5.4-16所示。

图5.4-16

❹ 弹出【插入函数】对话框，在【或选择类别】下拉列表中选择【逻辑】选项，在【选择函数】列表框中选择【OR】函数，如图5.4-17所示。

图5.4-17

❺ 单击【确定】按钮，弹出AND函数的【函数参数】对话框，依次在两个参数文本框中输入参数 "D2>=(8+31/60)/24" 和 "E2<16.5/24"，如图5.4-18所示。

图5.4-18

❻ 单击【确定】按钮，返回工作表，效果如图5.4-19所示。

图5.4-19

❼ 按照前面的方法，将单元格I2中的公式不带格式地填充到下面的单元格区域中，如图5.4-20所示。

图5.4-20

5.5　文本函数

文本函数是指可以在公式中处理字符串的函数。

5.5.1　MID 函数

本实例原始文件和最终效果文件请从网盘下载

| 原始文件\第5章\销售一览表01 |
| 最终效果\第5章\销售一览表02 |

扫码看视频

MID函数的主要功能是从一个文本字符串的指定位置开始截取指定数目的字符。其语法结构如下。

MID(字符串,截取字符的起始位置,要截取的字符个数)

在销售一览表中，合同编号的规则是SL&合同日期&-编号，所以在输入合同编号后，合同日期就无须重复输入了，只需要通过MID函数从合同编号中提取就可以了。在提取之前，我们先来分析一下函数的各个参数："字符串"就是"合同编号"；合同编号中日期是从第3个字符开始的，所以"截取字符的起始位置"是"3"；日期包含了年、月、日，是8个字符，所以"要截取的字符个数"是"8"。把函数的各个参数分析清楚后，就可以使用函数了，具体操作步骤如下。

❶　选中单元格E2，切换到【公式】选项卡，在【函数库】组中单击【文本】按钮，在弹出的下拉列表中选择【MID】函数，如图5.5-1所示。

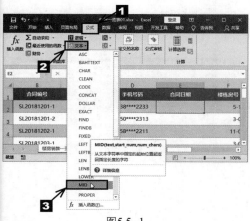

图5.5-1

❷　弹出【函数参数】对话框，在字符串文本框中输入"B2"，在截取字符的起始位置文本框中输入"3"，在要截取的字符个数文本框中输入"8"，如图5.5-2所示。

图5.5-2

❸　单击【确定】按钮，返回工作表，即可看到合同日期已经从合同编号中提取出来了，如图5.5-3所示。

图5.5-3

❹　将单元格E2中的公式不带格式地填充到单元格区域E3:E11中即可，如图5.5-4所示。

图5.5-4

5.5.2 LEFT 函数

LEFT函数是一个从字符串左侧截取字符的函数。其语法结构如下。

LEFT(字符串,截取的字符个数)

在销售一览表中，"楼栋房号"信息中既包含了楼号，还包含了楼层和房间号，但是为了避免出现阅读偏差，现在我们需要将这三项信息分开填写。楼号位于"楼栋房号"字符串的最左侧，我们可以使用LEFT将其从中提取出来。首先分析一下参数，显然"字符串"就是"楼栋房号"，"楼号"就是"楼栋房号"字符串中前1个或2个字符，所以截取的字符个数为"1"或"2"。具体操作步骤如下。

❶ 选中单元格G2，切换到【公式】选项卡，在【函数库】组中单击【文本】按钮，在弹出的下拉列表中选择【LEFT】函数，如图5.5-5所示。

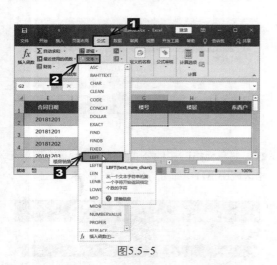

图5.5-5

❷ 弹出【函数参数】对话框，在字符串文本框中输入"F2"，在截取的字符个数文本框中输入"1"，如图5.5-6所示。

图5.5-6

❸ 单击【确定】按钮，返回工作表即可看到楼号已经从楼栋房号中提取出来了，如图5.5-7所示。

图5.5-7

❹ 选中单元格G2，按【Ctrl】+【C】组合键进行复制，然后选中单元格G3和单元格区域G5:G9，单击鼠标右键，在弹出的快捷菜单中选择【粘贴选项】→【公式】菜单项，如图5.5-8所示。

图5.5-8

❺ 可以将公式填充到选中的单元格及单元格区域中，如图5.5-9所示。

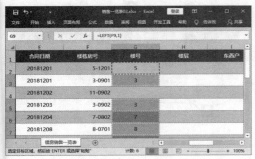

图5.5-9

❻ 按照相同的方法，在单元格G4中输入公式"=LEFT(F4,2)"，并将公式复制到单元格G10:G11，如图5.5-10所示。

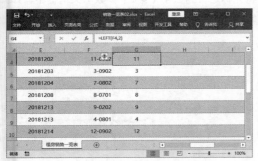

图5.5-10

楼号提取完成后，我们可以发现工作表中的"楼栋房号"的文本长度是与"楼号"紧密相关的："楼栋房号"的文本长度为6时，楼号字符数为1；"楼栋房号"的文本长度为7时，楼号字符数为2。由此，我们可以得到如下关系。

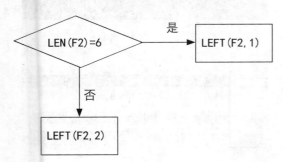

有了这个关系，我们就可以通过IF函数、LEN函数和LEFT函数这三个函数的嵌套来从楼栋房号中提取楼号了。IF函数为主函数，LEN函数为IF函数的判断条件，两个LEFT函数为IF函数的两个结果。

❶ 选中单元格区域G2，切换到【公式】选项卡，在【函数库】组中单击【逻辑】按钮，在弹出的下拉列表中选择【IF】函数选项，如图5.5-11所示。

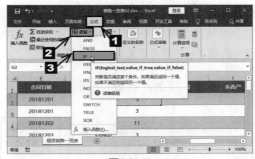

图5.5-11

❷ 弹出【函数参数】对话框，在三个参数文本框中依次输入"LEN(F2)=6""LEFT(F2,1)""LEFT(F2,2)"，如图5.5-12所示。

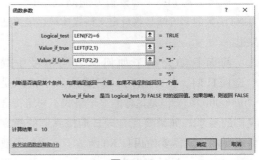

图5.5-12

❸ 单击【确定】按钮，返回工作表，即可看到楼号已经从楼栋房号中提取出来了。将单元格G2中的公式不带格式地填充到下面的单元格区域即可，如图5.5-13所示。

图5.5-13

使用三个函数嵌套，我们只需要输入一次公式就可以从楼栋房号中准确地提取出所有楼号了。但是这里需要注意的是，对于多函数的嵌套，函数之间的逻辑关系必须要清楚。

5.5.3 TEXT 函数

本实例原始文件和最终效果文件请从网盘下载
原始文件\第5章\销售一览表05
最终效果\第5章\销售一览表06

扫码看视频

TEXT函数主要用来将数字转换为指定格式的文本。其语法结构如下。

TEXT(数字,格式代码)

很多人称TEXT函数为万能函数。其实，TEXT函数的宗旨就是将自定义格式体现在最终结果里。

前面我们介绍了如何从合同编号中提取合同日期，提取出的日期默认显示格式是"00000000"，但是这样的显示格式不一定符合我们的要求，如果要让合同日期按我们的指定格式显示，就需要使用TEXT函数了。例如函数=TEXT(E2)，显示结果为2018-12-01。如果将TEXT函数与MID函数嵌套使用，就可以一步到位，直接从合同编号中提取出指定格式的合同日期了。具体操作步骤如下。

❶ 清除单元格区域E2:E5中的公式，切换到【公式】选项卡，在【函数库】组中单击【文本】按钮，在弹出的下拉列表中选择【TEXT】函数选项，如图5.5-14所示。

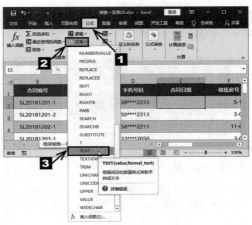

图5.5-14

❷ 弹出【函数参数】对话框，在格式代码（第2个参数）文本框中输入""0000-00-00""，然后将光标定位到数字（第1个参数）文本框中，如图5.5-15所示。

图5.5-15

❸ 单击工作表中名称框右侧的下三角按钮，在弹出的下拉列表中选择【MID】函数选项，如图5.5-16所示。

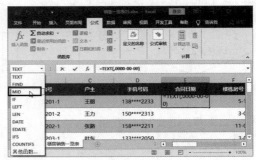

图5.5-16

❹ 弹出【函数参数】对话框，在字符串文本框中输入"B2"，在截取的字符的起始位置文本框中输入"3"，在要截取的字符个数文本框中输入"8"，如图5.5-17所示。

图5.5-17

❺ 单击【确定】按钮，返回工作表，即可看到合同日期已经从合同编号中提取出来了，且按指定格式显示，如图5.5-18所示。

图5.5-18

❻ 将单元格E2中的公式不带格式地向下填充，如图5.5-19所示。

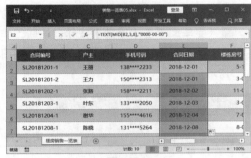

图5.5-19

5.6 日期与时间函数

日期与时间函数是处理日期型或日期时间型数据的函数。日期在工作表中是一项重要的数据，我们经常需要对日期进行计算。例如，计算合同的应还款日期，计算距离还款日还有多少天等。

5.6.1 EDATE 函数与 EMONTH 函数

本实例原始文件和最终效果文件请从网盘下载

原始文件\第5章\回款统计表
最终效果\第5章\回款统计表01

扫码看视频

EDATE函数用来计算指定日期之前或之后几个月的日期。其语法格式如下。

EDATE(指定日期,以月数表示的期限)

回款统计表给出了合同的签订日期和账期，且账期是月数，那么我们就可以使用EDATE函数计算出应回款日期，其参数分别是签订日期和账期。具体操作步骤如下。

❶ 选中单元格F2，切换到【公式】选项卡，在【函数库】组中单击【日期和时间】按钮，在弹出的下拉列表中选择【EDATE】函数选项，如图5.6-1所示。

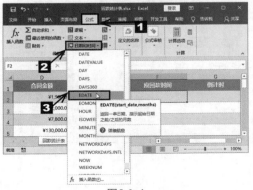

图5.6-1

❷ 弹出【函数参数】对话框，在指定日期参数文本框中输入"B2"，在以月数表示的期限参数文本框中输入"E2"，如图5.6-2所示。

图5.6-2

❸ 输入完毕，单击【确定】按钮，返回工作表，即可看到应回款日期已经计算完成了，如图5.6-3所示。

图5.6-3

❹ 将单元格F2中的公式复制到下面的单元格区域中，即可得到所有合同的应还款日期，如图5.6-4所示。

图5.6-4

> 提示：EDATE函数计算得到的是一个常规数字，所以在使用EDATE函数时，需要将单元格格式设置为日期格式。

EMONTH函数用来计算指定日期月份数之前或之后的月末的日期。其语法格式如下。

EMONTH(指定日期,以月数表示的期限)

EMONTH函数与EDATE函数的两个参数是一样的，只是返回的结果有所不同，EMONTH函数返回的是月末日期。例如，=EDATE(B2,E2)返回的日期为2018-12-01，而=EMONTH(B2,E2)返回的日期为2018-12-31。

5.6.2 TODAY 函数

本实例原始文件和最终效果文件请从网盘下载
原始文件\第5章\回款统计表01
最终效果\第5章\回款统计表02
扫码看视频

TODAY函数的功能为返回日期格式的当前日期。其语法格式如下。

TODAY()具体语法可以参照下表所示。

公式	结果
=TODAY()	今天的日期
=TODAY()+10	从今天开始，10天后的日期
=TODAY()-10	从今天开始，10天前的日期

❶ 在单元格G2中输入公式"=F2-TODAY()"，输入完毕，按【Enter】键，如图5.6-5所示。

图5.6-5

❷ 选中单元格G2，切换到【开始】选项卡，在【数字】组中的【数字格式】下拉列表中选择【常规】选项，即可正常显示倒计时天数，如图5.6-6所示。

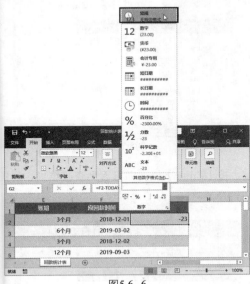

图5.6-6

❸ 用户可以将单元格G2中的公式不带格式地填充到下面的单元格中，如图5.6-7所示。负数代表已经过了还款日期。

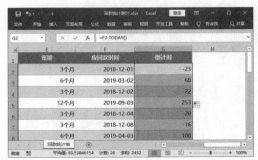

图5.6-7

> 提示：日期相加减默认得到的都是日期格式的数字，如果我们需要得到常规数字，就需要通过设置单元格的数字格式来实现。

5.7 查找与引用函数

查找与引用函数用于在数据清单或表格中查找特定数值，或者查找某一单元格引用时使用的函数。常用的查找与引用函数包括LOOKUP、HLOOKUP、VLOOKUP等函数。

5.7.1 LOOKUP 函数

LOOKUP函数的功能是从向量或数组中查找符合条件的数值。该函数有两种语法形式：向量和数组。向量形式是指从一行或一列的区域内查找符合条件的数值。向量形式的LOOKUP函数按照在单行区域或单列区域查找的数值，返回第二个单行区域或单列区域中相同位置的数值。数组形式是指在数组的首行或首列中查找符合条件的数值，然后返回数组的尾行或尾列中相同位置的数值。本小节重点介绍向量形式的LOOKUP函数的用法。

LOOKUP函数的语法格式如下。

LOOKUP（lookup_value,lookup_vector,result_vector）

本实例原始文件和最终效果文件请从网盘下载

原始文件\第5章\销售详情表

最终效果\第5章\销售详情表

扫码看视频

❶ 该表已将数据按员工姓名拼音首字母升序排列，选中单元格E2，输入公式"=LOOKUP(E1,A:B)"，如图5.7-1所示。

图5.7-1

❷ 按【Enter】键，效果如图5.7-2所示。

图5.7-2

5.7.2 VLOOKUP 函数

VLOOKUP函数的功能是进行列查找，并返回当前行中指定的列的数值。其语法格式如下。

VLOOKUP(lookup_value,table_array,col_index_num,range_lookup)

本实例原始文件和最终效果文件请从网盘下载	
	原始文件\第5章\员工信息表01
	最终效果\第5章\员工信息表01

扫码看视频

❶ 选中单元格G3，输入公式"=VLOOKUP(F3,$B3:$D12,3,0)"，如图5.7-3所示。

图5.7-3

❷ 按【Enter】键，即可看到查找结果，如图5.7-4所示。

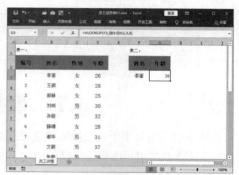

图5.7-4

5.8 数学与三角函数

数学与三角函数是指通过数学和三角函数，可以处理简单的计算，例如对数字取整、计算单元格区域中的数值总和或复杂计算。

5.8.1 SUM 函数

SUM函数是专门用来执行求和运算的，想对哪些单元格区域的数据求和，就将这些单元格区域写在参数中。其语法格式如下。

SUM(需要求和的单元格区域)

本实例原始文件和最终效果文件请从网盘下载	
	原始文件\第5章\销售报表
	最终效果\第5章\销售报表01

扫码看视频

例如我们想求单元格区域A2:A10所有数据的和，最直接的方式就是输入公式"=A2+A3+A4+A5+A6+A7+A8+A9+A10+A11+A12+A13+A14+A15"。但是如果要求单元格区域A2:A100的值呢？逐个相加不仅输入量大，而且容易输错，如果使用SUM函数就简单多了，直接在单元格中输入"=SUM(A2:A100)"即可。下面我们以计算"1月销售报表"中的销售总额为例，介绍SUM函数的实际应用。具体操作步骤如下。

❶ 打开本实例的原始文件"销售报表"，选中单元格I1，切换到【公式】选项卡，在【函数库】组中单击【数学和三角函数】按钮，在弹出的下拉列表中选择【SUM】函数选项，如图5.8-1所示。

图5.8-1

❷ 弹出【函数参数】对话框，在第1个参数文本框中选择输入"F2:F86"，如图5.8-2所示。

图5.8-2

❸ 单击【确定】按钮，返回工作表，即可看到求和结果，如图5.8-3所示。

图5.8-3

5.8.2 SUMIF 函数

本实例原始文件和最终效果文件请从网盘下载
原始文件\第5章\销售报表01
最终效果\第5章\销售报表02

扫码看视频

SUMIF函数的功能是对报表范围中符合指定条件的值求和。其语法格式如下。

SUMIF(条件区域,求和条件,求和区域)

例如，我们想求"1月销售报表"中仕捷公司的销售总额，即求单元格区域C2:C86中客户名称为"仕捷公司"的单元格对应的F2:F86中销售额的和。那么SUMIF函数对应的3个参数如下。

条件区域：单元格区域C2:C86。

求和条件："仕捷公司"。

求和区域：单元格区域F2:F86。

具体操作步骤如下。

❶ 打开本实例的原始文件"销售报表01"，选中单元格I2，切换到【公式】选项卡，在【函数库】组中单击【数学和三角函数】按钮，在弹出的下拉列表中选择【SUMIF】函数选项，如图5.8-4所示。

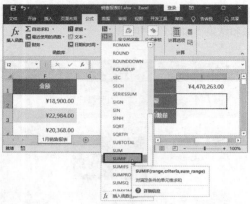

图5.8-4

❷ 弹出【函数参数】对话框，在第1个参数文本框中选择输入"C2:C86"，第2个参数文本框数输入文本""仕捷公司""，第3个参数文本框中选择输入"F2:F86"，如图5.8-5所示。

图5.8-5

❸ 单击【确定】按钮，返回工作表，即可看到求和结果，如图5.8-6所示。

图5.8-6

5.8.3 SUMIFS 函数

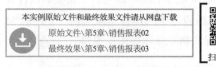
SUMIFS函数的功能是根据指定的多个条件，把指定区域内满足所有条件的单元格数据进行求和。其语法格式如下。

SUMIFS(实际求和区域，
条件判断区域1,条件值1，
条件判断区域2,条件值2，
条件判断区域3,条件值3…)

例如，我们想求"1月销售报表"中神龙商贸产品15的销售数量，即求单元格区域C2:C86中客户名称为"神龙商贸"且单元格区域B2:B86中产品名称为"产品15"的单元格对应的E2:E86中的销售数量之和。那么SUMIFS函数对应的参数应为：实际求和区域=单元格区域E2:E86，条件判断区域1=单元格区域C2:C86，条件值1="神龙商贸"，条件判断区域2=单元格区域B2:B86，条件值2="产品15"。具体操作步骤如下。

❶ 打开本实例的原始文件"销售报表02"，选中单元格I3，切换到【公式】选项卡，在【函数库】组中单击【数学和三角函数】按钮，在弹出的下拉列表中选择【SUMIFS】函数选项，如图5.8-7所示。

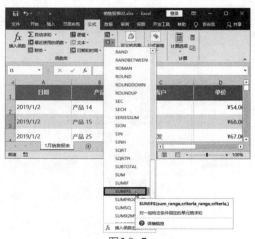

图5.8-7

❷ 弹出【函数参数】对话框，在第1个参数文本框中选择输入"E2:E86"，第2个参数文本框数选择输入"C2:C86"，第3个参数文本框数输入文本""神龙商贸""，第4个参数文本框中选择输入"B2:B86"，第5个参数文本框数输入文本"产品15"，如图5.8-8所示。

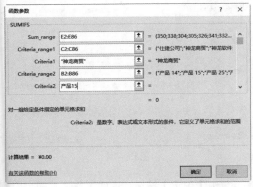

图5.8-8

❸ 单击【确定】按钮，返回工作表，即可看到求和结果，如图5.8-9所示。

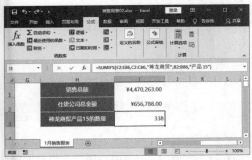

图5.8-9

5.8.4 SUMPRODUCT 函数

本实例原始文件和最终效果文件请从网盘下载	
原始文件\第5章\销售报表03	扫码看视频
最终效果\第5章\销售报表04	

SUMPRODUCT函数主要用来求几组数据的乘积之和。其语法格式如下。

SUMPRODUCT(数据1,数据2,…)

在使用该函数时，用户可以设置1~255个参数，下面我们来分别看一下不同个数的参数对函数的影响。

1. 一个参数

如果SUMPRODUCT函数的参数只有一个，那么其作用就与SUM函数相同。下面我们以单元格区域F2:F86为参数，看一下SUMPRODUCT函数只有一个参数时的应用，具体操作步骤如下。

❶ 打开本实例的原始文件"销售报表03"，选中单元格J1，切换到【公式】选项卡，在【函数库】组中单击【数学和三角函数】按钮，在弹出的下拉列表中选择【SUMPRODUCT】函数选项，如图5.8-10所示。

图5.8-10

❷ 弹出【函数参数】对话框，在第1个参数文本框中选择输入"F2:F86"，如图5.8-11所示。

图5.8-11

❸ 单击【确定】按钮，返回工作表，即可看到求和结果与单元格I2中使用SUM函数进行求和的结果一样，如图5.8-12所示。

图5.8-12

2. 两个参数

如果给SUMPRODUCT函数设置两个参数，那么函数就会先计算两个参数中相同位置两个数值的乘积，再求这些乘积的和。下面我们以"单价"和"数量"为函数的两个参数为例，看一下SUMPRODUCT函数有两个参数时的应用，具体操作步骤如下。

❶ 选中单元格J1，切换到【公式】选项卡，在【函数库】组中单击【数学和三角函数】按钮，在弹出的下拉列表中选择【SUMPRODUCT】函数选项，如图5.8-13所示。

图5.8-13

❷ 弹出【函数参数】对话框，在第1个参数文本框中选择输入单元格区域"D2:D86"，在第2个参数文本框中选择输入单元格区域"E2:E86"，如图5.8-14所示。

图5.8-14

❸ 单击【确定】按钮，返回工作表，即可看到乘积求和的结果，如图5.8-15所示。

图5.8-15

在这个案例中，计算时，函数会将单价和数量对应相乘，得到乘积，即金额；最后将这些乘积相加，得到的和即为SUMPRODUCT函数的返回结果。

3. 多个参数

如果给SUMPRODUCT函数设置3个或3个以上的参数，它会按处理两个参数的方式进行计算，即先计算每个参数中第1个数值的乘积，再计算第2个数值的乘积……当把所有对应位置的数据相乘后，再把所有的乘积相加，得到函数的计算结果。

下面我们仍以具体实例来看一下SUMPRODUCT函数存在3个参数时的应用，具体操作步骤如下。

❶ 在F列后面插入一个新列"折扣"，并在"折扣"列对应输入每种产品的折扣，如图5.8-16所示。

图5.8-16

❷ 在单元格I4中输入"折扣销售总额"，选中单元格J4，切换到【公式】选项卡，在【函数库】组中单击【数学和三角函数】按钮，在弹出的下拉列表中选择【SUMPRODUCT】函数选项，如图5.8-17所示。

图5.8-17

❸ 弹出【函数参数】对话框，在第1个参数文本框中选择输入单元格区域"D2:D86"，在第2个参数文本框中选择输入单元格区域"E2:E86"，在第3个参数文本框中选择输入单元格区域"G2:G86"，如图5.8-18所示。

图5.8-18

❹ 单击【确定】按钮，返回工作表，即可看到乘积求和的结果，如图5.8-19所示。

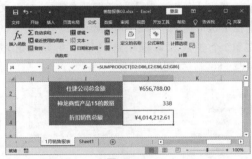

图5.8-19

4. 按条件求和

SUMPRODUCT函数除了可以对数据的乘积求和外，还可以对指定条件的数据进行求和。

SUMPRODUCT函数按条件求和的公式为：

SUMPRODUCT((条件1区域=条件1)+0,(条件2区域=条件2)+0,…，(条件n区域=条件n)+0,求和区域)

下面我们使用SUMPRODUCT函数，根据单价和数量，求仕捷公司的销售总额，具体操作步骤如下。

❶ 选中单元格K2，切换到【公式】选项卡，在【函数库】组中单击【数学和三角函数】按钮，在弹出的下拉列表中选择【SUMPRODUCT】函数选项，如图5.8-20所示。

图5.8-20

❷ 弹出【函数参数】对话框，在第1个参数文本框中选择输入"(C2:C86="仕捷公司")+0"，在第2个参数文本框中选择输入单元格区域"F2:F86"，如图5.8-21所示。

图5.8-21

❸ 单击【确定】按钮，返回工作表，即可看到求和结果，如图5.8-22所示。

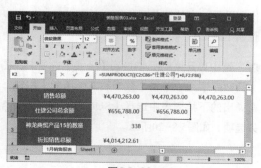

图5.8-22

看了SUMPRODUCT函数按条件求和的公式，可能很多人会有疑问：SUMPRODUCT函数条件参数中的"+0"有什么用？如果没有"+0"公式能不能完成？我们先来看看没有"+0"时SUMPRODUCT函数的运算结果，如图5.8-23所示。

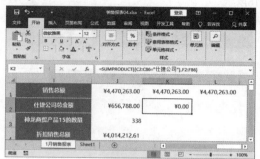

图5.8-23

我们可以看到，如果没有"+0"，运算结果就变成了0。这是因为SUMPRODUCT函数中的条件参数都是执行比较运算的表达式，而比较运算返回的结果只能是逻辑值TRUE或FALSE，也就是说SUMPRODUCT函数的条件参数都是由逻辑值TRUE或FALSE组成的数组。但是因为条件参数中的逻辑值在计算时会被当成0值处理，和求和区域中的各个数值相乘后的结果也是0，所以导致最终的求和结果为0。

公式中的"+0"的作用就是将这些逻辑值转换为数值，不让SUMPRODUCT函数将它们全部当成数值0。

5.9 统计函数

统计函数是指统计工作表函数，用于对数据区域进行统计分析。

5.9.1 COUNTA 函数

本实例原始文件和最终效果文件请从网盘下载
原始文件\第5章\业务考核表
最终效果\第5章\业务考核表01

扫码看视频

COUNTA函数的功能是返回参数列表中非空的单元格个数。其语法格式如下。

COUNTA(value1,value2,…)

value1, value2, … 为所要计算的值，参数个数为 1 ~ 30 个。在这种情况下，参数值可以是任何类型，它们可以包括空字符（""），但不包括空白单元格。如果参数是数组或单元格引用，则数组或引用中的空白单元格将被忽略。

利用函数 COUNTA 可以计算单元格区域或数组中包含数据的单元格个数。

例如，业务考核结束后，我们需要对考核人数、考核成绩等进行统计分析。

首先，我们来统计考核人数。因为COUNTA函数返回的是参数列表中非空的单元格个数，所以此处我们在选择参数时，应该选择包含所有应考核人员的数据区域，例如B2:B21。使用COUNTA函数统计考核人数的具体操作步骤如下。

❶ 打开本实例的原始文件"业务考核表"，选中单元格B23，切换到【公式】选项卡，在【函数库】组中单击【统计函数】按钮，在弹出的下拉列表中选择【COUNTA】函数选项，如图5.9-1所示。

图5.9-1

❷ 弹出【函数参数】对话框，在第1个参数文本框中选择输入"B2:B21"，如图5.9-2所示。

图5.9-2

❸ 单击【确定】按钮，返回工作表，即可得到应参加考核的人数，如图5.9-3所示。

图5.9-3

5.9.2 COUNT 函数

COUNT函数的功能是计算参数列表中的数字项的个数。其语法格式如下。

COUNT(value1,value2, …)

value1, value2, …是包含或引用各种类型数据的参数（1~30个），但只有数字类型的数据才会被计数。

函数COUNT在计数时，将把数值型的数字计算进去，但是错误值、空值、逻辑值、文字则会被忽略。

由于部分人员因为某些原因未能参加考核，所以考核结束后，我们不仅要统计应参加考核的人数，还应该统计实际参加考核的人数。

在业务成绩表中，实际参加考核的人有考核成绩，而没有参加考核的人的成绩单元格为空。所以统计实际参加考核的人数时，我们可以使用COUNT函数，其参数为成绩列的"C2:C21"，具体操作步骤如下。

❶ 打开本实例的原始文件"业务考核表01"，选中单元格B24，切换到【公式】选项卡，在【函数库】组中单击【统计函数】按钮，在弹出的下拉列表中选择【COUNT】函数选项，如图5.9-4所示。

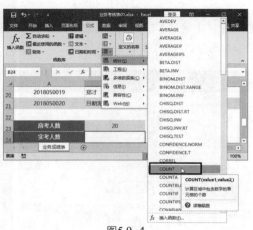

图5.9-4

❷ 弹出【函数参数】对话框，在第1个参数文本框中选择输入"C2:C21"，如图5.9-5所示。

图5.9-5

❸ 单击【确定】按钮，返回工作表，即可得到实际参加考核的人数，如图5.9-6所示。

图5.9-6

5.9.3 MAX 函数

MAX函数用于返回一组值中的最大值。其语法格式如下。

MAX(number1,number2,…)

number1是必需的，后续数字是可选的，要从中查找最大值（可查找1~255个数字）。

一般对成绩进行分析时，都会列出最高分、最低分、平均分。计算最高分就得使用MAX函数，具体操作步骤如下。

❶ 打开本实例的原始文件"业务考核表02"，选中单元格B25，切换到【公式】选项卡，在【函数库】组中单击【统计函数】按钮，在弹出的下拉列表中选择【MAX】函数选项，如图5.9-7所示。

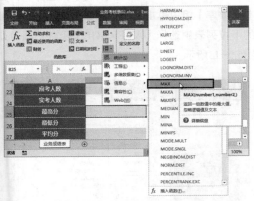

图5.9-7

❷ 弹出【函数参数】对话框，在第1个参数文本框中选择输入"C2:C21"，如图5.9-8所示。

图5.9-8

❸ 单击【确定】按钮，返回工作表，即可得到这次考核成绩的最高分，如图5.9-9所示。

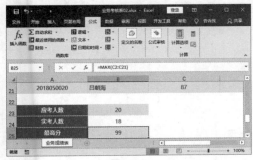

图5.9-9

5.9.4 MIN 函数

本实例原始文件和最终效果文件请从网盘下载
原始文件\第5章\业务考核表03
最终效果\第5章\业务考核表04

扫码看视频

MIN函数用于返回一组值中的最小值。其语法格式如下。

MIN(number1,number2,…)

number1 是必需的，后续数字是可选的，要从中查找最小值（可查找1~30个数字）。

计算最低分和计算最高分的方法一致，只是函数不同而已。具体操作步骤如下。

❶ 打开本实例的原始文件"业务考核表03"，选中单元格B26，切换到【公式】选项卡，在【函数库】组中单击【统计函数】按钮，在弹出的下拉列表中选择【MIN】函数选项，如图5.9-10所示。

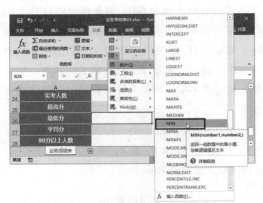

图5.9-10

❷ 弹出【函数参数】对话框，在第1个参数文本框中选择输入"C2:C21"，如图5.9-11所示。

图5.9-11

❸ 单击【确定】按钮，返回工作表，即可得到这次考核成绩的最低分，如图5.9-12所示。

图5.9-12

5.9.5 AVERAGE 函数

本实例原始文件和最终效果文件请从网盘下载	
原始文件\第5章\业务考核表04	
最终效果\第5章\业务考核表05	扫码看视频

AVERAGE函数是Excel表格中的计算平均值函数，参数可以是数字或者是涉及数字的名称、数组或引用；如果数组或单元格引用参数中有文字、逻辑值或空单元格，则忽略其值；如果单元格包含零值，则将其计算在内。其语法格式如下。

AVERAGE(number1,number2,…)

下面以具体的数据举例，来看一下AVERAGE函数的用法。

通过下表，我们可以看出，如果单元格包含零值的话，零值也参与求平均值（如B列）；但是当单元格包含空值或者文字时，空值或者文字不参与求平均值（如C列和D列）。

平均分可以看出考核的一个整体水平趋势，所以计算平均分是非常重要的。使用AVERAGE函数计算平均分的具体操作步骤如下。

❶ 打开本实例的原始文件"业务考核表04"，选中单元格B27，切换到【公式】选项卡，在【函数库】组中单击【统计函数】按钮，在弹出的下拉列表中选择【AVERAGE】函数选项，如图5.9-13所示。

图5.9-13

❷ 弹出【函数参数】对话框，系统默认在第1个参数文本框中选择输入"C2:C21"，如图5.9-14所示。

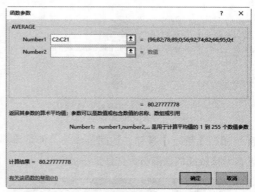

图5.9-14

❸　单击【确定】按钮，返回工作表，即可得到这次考核的平均分数，如图5.9-15所示。

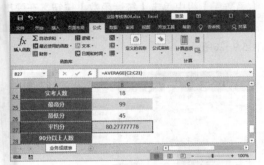

图5.9-15

5.9.6　COUNTIF 函数

本实例原始文件和最终效果文件请从网盘下载

原始文件\第5章\业务考核表05

最终效果\第5章\业务考核表06

扫码看视频

COUNTIF函数是Excel中对指定区域中符合指定条件的单元格计数的一个函数。其语法格式如下。

COUNTIF(range,criteria)

参数range是要计算其中非空单元格数目的区域。参数criteria是以数字、表达式或文本形式定义的条件。

简单来说，COUNTIF函数就是一个条件计数的函数，它与COUNT函数的区别就在于可以限定条件。例如我们可以使用COUNT函数计算考核成绩在90分以上的人数、80~90分的人数等，具体操作步骤如下。

❶　打开本实例的原始文件"业务考核表05"，选中单元格B28，切换到【公式】选项卡，在【函数库】组中单击【统计函数】按钮，在弹出的下拉列表中选择【COUNTIF】函数选项，如图5.9-16所示。

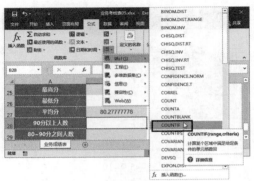

图5.9-16

❷　弹出【函数参数】对话框，在第1个参数文本框中选择输入"C2:C21"，在第2个参数文本框中输入条件">90"，如图5.9-17所示。

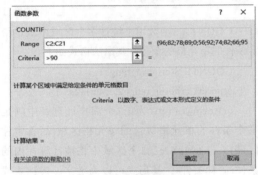

图5.9-17

❸　单击【确定】按钮，返回工作表，即可得到成绩在90分以上的人数，如图5.9-18所示。

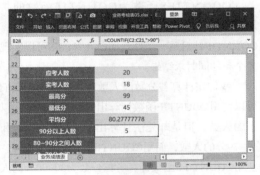

图5.9-18

❹　用户可以按照相同的方法计算考核成绩在60分以下的人数，如图5.9-19所示。

图5.9-19

5.9.7 COUNTIFS 函数

本实例原始文件和最终效果文件请从网盘下载

原始文件\第5章\业务考核表06

最终效果\第5章\业务考核表07

扫码看视频

COUNTIFS函数用来统计多个区域中满足给定条件的单元格的个数。其语法格式如下。

COUNTIFS(criteria_range1,

criteria1,criteria_range2,criteria2,…)

criteria_range1为第1个需要计算其中满足某个条件的单元格数目的单元格区域(简称条件区域),criteria1为第1个区域中将被计算在内的条件(简称条件),其形式可以为数字、表达式或文本。同理,criteria_range2为第2个条件区域,criteria2为第2个条件,依此类推。最终结果为多个区域中满足所有条件的单元格个数。

COUNTIFS函数为COUNTIF函数的扩展,用法与COUNTIF类似,两者的区别在于:COUNTIF针对单一条件,而COUNTIFS可以实现多个条件同时求结果。

我们在计算各分数段人数时可以发现,我们可以使用COUNTIF函数计算出90分以上和60分以下的人数,但是却无法计算出80~90分的人数和60~79分的人数,而用COUNTIFS函数即可实现。使用COUNTIFS函数计算考核分数为80~90分的人数的具体操作步骤如下。

❶ 打开本实例的原始文件"业务考核表06",选中单元格B28,切换到【公式】选项卡,在【函数库】组中单击【统计函数】按钮,在弹出的下拉列表中选择【COUNTIFS】函数选项,如图5.9-20所示。

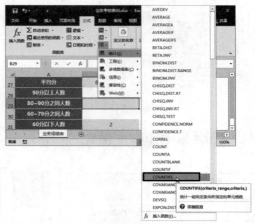

图5.9-20

❷ 弹出【函数参数】对话框,在第1个参数文本框中选择输入第1个条件区域"C2:C21",在第2个参数文本框中输入第1个条件"">=80"",在第3个参数文本框中选择输入第2个条件区域"C2:C21",在第4个参数文本框中输入第2个条件""<=90"",如图5.9-21所示。

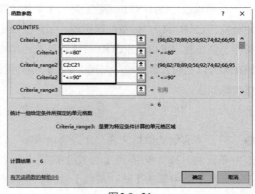

图5.9-21

❸ 单击【确定】按钮,返回工作表,即可得到成绩为80~90分的人数,如图5.9-22所示。

图5.9-22

❹ 用户可以按照相同的方法计算考核成绩为60~79分的人数，如图5.9-23所示。

图5.9-23

5.9.8 RANK.EQ 函数

本实例原始文件和最终效果文件请从网盘下载
原始文件\第5章\业务考核表07
最终效果\第5章\业务考核表08

扫码看视频

RANK.EQ函数是一个排名函数，用于返回一个数字在数字列表中的排位，如果多个值都具有相同的排位，则返回该组数值的最高排位。其语法格式如下。

RANK.EQ(number,ref,[order])

number 参数表示参与排名的数值；ref 参数表示排名的数值区域；order参数有1和0两种，0表示从大到小排名，1表示从小到大排名，当参数为0时可以不用输入，得到的就是从大到小的排名。

RANK.EQ函数最常用的是求某一个数值在某一区域内的排名，下面以将考核成绩排名为例，介绍RANK.EQ函数的实际应用。具体操作步骤如下。

❶ 打开本实例的原始文件"业务考核表07"，选中单元格E2，切换到【公式】选项卡，在【函数库】组中单击【统计函数】按钮，在弹出的下拉列表中选择【RANK.EQ】函数选项，如图5.9-24所示。

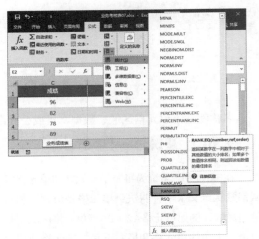

图5.9-24

❷ 弹出【函数参数】对话框，在第1个参数文本框中选择输入当前参与排名的引用单元格"C2"，在第2个参数文本框中选择输入排名的数值区域"$C$2:$C$21"，由于此处排名应为降序，所以第3个参数可以省略，如图5.9-25所示。

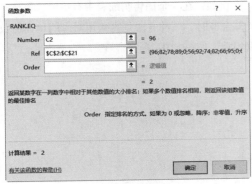

图5.9-25

❸ 单击【确定】按钮，返回工作表，即可得到"蒋琴"在这次考核成绩中的排名，如图5.9-26所示。

图5.9-26

❹ 将单元格E2中的公式不带格式地填充到下面的单元格区域中，即可得到所有员工的成绩排名，缺考人员的排名显示为错误值，可以直接删除对应排名单元格中的公式，如图5.9-27所示。

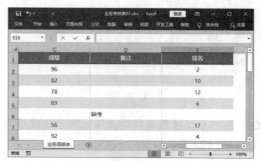

图5.9-27

5.10 定义名称

名称就是给单元格区域、数据常量或公式设定的一个新名字。

5.10.1 认识 Excel 中的名称

在Excel中，系统为每一个单元格和单元格区域都默认定义了一种叫法：单元格是由列标和行号组成的，例如单元格A2、B8；单元格区域则是由最左上角的单元格和最右下角的单元格使用冒号连接起来的，例如A2:B8。如果单元格区域在公式中需要重复使用的话，极易输错、混淆。但是如果我们将一个单元格区域定义为简单易记且有指定意义的名称后，就可以直接在公式中通过定义的名称来引用这些数据或公式了，不仅方便输入，而且容易分辨。

例如，在一个销售明细表中有单价、数量，计算金额时，一种方法是直接用对应的单元格数据相乘，如图5.10-1所示。

	A	B	C
1	单价	数量	金额
2	¥65.00	30	¥1,950.00
3	¥65.00	800	¥52,000.00
4	¥78.00	100	¥7,800.00
5	¥65.00	2000	¥130,000.00
6	¥58.50	120	¥7,020.00
7	¥65.00	540	¥35,100.00

图5.10-1

另一种方法就是将所有单元格区域的单价和数量都定义一个新的名称：单价、数量。定义完成后，我们只需要在对应的单元格中输入公式"=单价*数量"，即可自动引用名称对应的数据参与计算，如图5.10-2所示。

	A	B	C
1	单价	数量	金额
2	¥65.00	30	¥1,950.00
3	¥65.00	800	¥52,000.00
4	¥78.00	100	¥7,800.00
5	¥65.00	2000	¥130,000.00
6	¥58.50	120	¥7,020.00
7	¥65.00	540	¥35,100.00

图5.10-2

这样操作方便、快捷。其实名称也是公式，它带给我们的是直观、简洁。

5.10.2 在工作表中定义名称

前面的章节我们对Excel中的名称已经有了一个大致的了解，知道它可以在Excel计算中带给我们诸多方便，那么本小节我们就来学习一下如何在工作表中为一个区域、常量值或者公式定义一个名称。

1. 为数据区域定义名称

下面我们以为入库明细表中的成本单价和入库数量定义名称为例，介绍如何为数据区域定义名称，具体操作步骤如下。

❶ 打开本实例的原始文件"入库明细表"，选中单元格区域E2:E63，切换到【公式】选项卡，在【定义的名称】组中，单击【定义名称】按钮的左半部分，如图5.10-3所示。

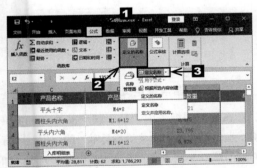

图5.10-3

❷ 弹出【新建名称】对话框，在【名称】文本框中输入"数量"，如图5.10-4所示。

图5.10-4

❸ 单击【确定】按钮，返回工作表，在【定义的名称】组中单击【名称管理器】按钮，如图5.10-5所示。

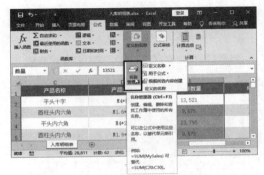

图5.10-5

❹ 弹出【名称管理器】对话框，可以看到我们定义的名称已经保存在名称管理器中了，如图5.10-6所示。

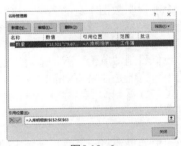

图5.10-6

❺ 在名称管理器中单击【新建】按钮，打开【新建名称】对话框，在【名称】文本框中输入"单价"，在【引用位置】文本框中选择输入"=入库明细表!$F$2:$F$63"，如图5.10-7所示。

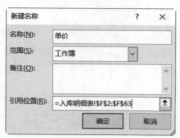

图5.10-7

❻ 单击【确定】按钮，返回【名称管理器】对话框，即可看到新定义的名称，单击【关闭】按钮，即可关闭【名称管理器】对话框，如图5.10-8所示。

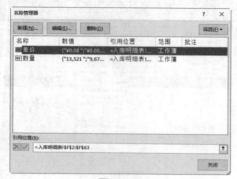

图5.10-8

> （！）提示：虽然定义名称时，名称是自由定义的，但是也不能随意定义。在定义名称的时候，我们应该遵循易于理解的原则，定义一个能说明数据本身的名字，这样当我们看到该名称时，就能清楚地知道该名称对应的数据是什么。例如，在入库明细表中，我们看到"单价"就知道对应的是商品的单价，但是如果将商品的单价定义成"ABC"，看到这个名称时，就很难知道它对应的数据是什么了。

在Excel中如果要将一个数据区域中的各列或各行都分别定义为名称，那么我们就需要创建多次，这样会比较麻烦。这时，我们可以选中这个数据区域，让Excel根据我们选择的内容来定义名称。这里需要注意的是，使用这种方法定义名称时，名称必须是所选数据区域的首行、最左列、末行或最右列。根据所选内容创建名称的具体步骤如下。

❶ 选中单元格区域B2:B25和E2:F63，切换到【公式】选项卡，在【定义的名称】组中单击【根据所选内容创建】按钮，如图5.10-9所示。

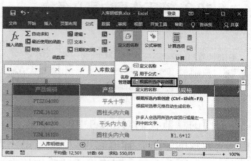

图5.10-9

❷ 弹出【根据所选内容创建名称】对话框，由于我们所选的数据区域都是有列标题的，可以使用【首行】作为名称，所以在【根据下列内容中的值创建名称】列表中勾选【首行】复选框。定义名称的结果如图5.10-10所示。

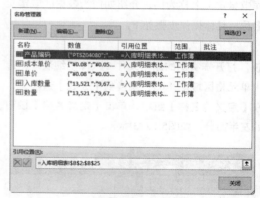

图5.10-10

2. 为数据常量定义名称

在入库明细表中，每一种产品都有一个单价，虽然每种产品的单价都是唯一的，但是所有产品的单价混在一起，查找起来也并非易事。如果我们对每种产品的单价都定义了名称，使用的时候我们就可以使用定义的名称替代具体的单价了。下面我们以为入库明细表中的产品编号为"PTSZ04080"的成本单价"0.08"定义名称为例，介绍如何为数据常量定义名称，具体操作步骤如下。

❶ 由于在定义名称时，名称默认定义为所选单元格的内容，所以此处我们先选中任意一个内容为"PTSZ04080"的单元格，切换到【公式】选项卡，在【定义的名称】组中单击【定义名称】按钮的左半部分，如图5.10-11所示。

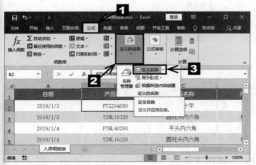

图5.10-11

❷ 弹出【新建名称】对话框，在【名称】文本框中将名称更改为"PTSZ04080成本单价"，在【引用位置】文本框中输入"=0.08"，如图5.10-12所示。

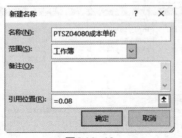

图5.10-12

❸ 单击【确定】按钮，返回工作表，打开【名称管理器】对话框，即可看到新定义的名称，如图5.10-13所示。

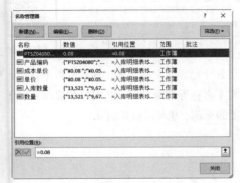

图5.10-13

3. 为公式定义名称

在编写公式的过程中，由于条件的限制，我们经常需要多个函数嵌套使用，甚至同一个函数公式可能需要多次重复使用，这样既增加了函数的使用难度，又容易出错。如果我们把嵌套函数中的一些难度较大的函数公式使用名称代替，就简洁多了。下面我们以为入库明细表中产品编号为"PTSZ04080"的产品数量的求和公式定义名称为例，介绍如何为公式定义名称，具体操作步骤如下。

❶ 要为公式定义名称，首先要正确书写公式。选中工作表的任一空白单元格，切换到【公式】选项卡，在【函数库】组中单击【数学和三角函数】按钮，在弹出的下拉列表中选择【SUMIF】函数选项，如图5.10-14所示。

图5.10-14

❷ 弹出【函数参数】对话框，在第1个参数文本框中选择输入"$B$2:$B$63"，第2个参数文本框中选择输入""PTSZ04080""，第3个参数文本框中选择输入"$E$2:$E$63"。这里需要注意的是，数据区域是固定的，所以使用绝对引用，如图5.10-15所示。

图5.10-15

❸ 单击【确定】按钮，返回工作表，即可看到产品编号为"PTSZ04080"的产品的入库总数求和公式。在编辑栏中选中该公式，并按【Ctrl】+【C】组合键进行复制，然后按【Enter】键，并选中任意一个内容为"PTSZ04080"的单元格，如图5.10-16所示。

图5.10-16

❹ 切换到【公式】选项卡，在【定义的名称】组中单击【定义名称】按钮的左半部分，如图5.10-17所示。

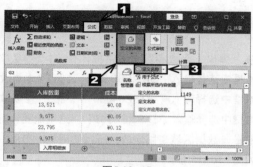

图5.10-17

❺ 弹出【新建名称】对话框，在【名称】文本框中修改名称为"PTSZ04080入库总量"，按【Ctrl】+【V】组合键在【引用位置】文本框中进行粘贴，如图5.10-18所示。

图5.10-18

❻ 单击【确定】按钮，返回工作表，打开【名称管理器】对话框，即可看到新定义的名称，如图5.10-19所示。

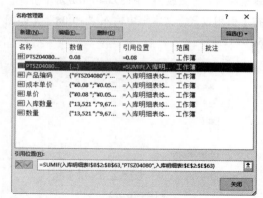

图5.10-19

5.10.3 编辑和删除名称

本实例原始文件和最终效果文件请从网盘下载
原始文件\第5章\入库明细表01
最终效果\第5章\入库明细表02
扫码看视频

对于已经定义的名称，如果觉得不合适，可以在【名称管理器】中重新编辑和修改。对于不需要的名称，也可以将其删除。

1. 编辑名称

前面我们在为产品编码定义名称时，选中的数据区域为B2:B25，但是实际区域应为B2:B63，所以我们需要对定义好的名称进行修改，具体操作步骤如下。

❶ 打开本实例的原始文件"入库明细表01"，切换到【公式】选项卡，在【定义的名称】组中单击【名称管理器】按钮，如图5.10-20所示。

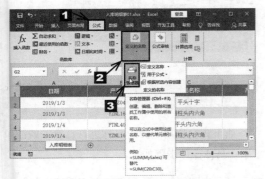

图5.10-20

❷ 弹出【名称管理器】对话框，选中定义的名称"产品编码"，单击【编辑】按钮，如图5.10-21所示。

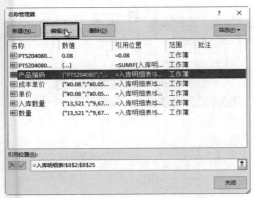

图5.10-21

❸ 弹出【编辑名称】对话框，在【引用位置】文本框中修改引用位置为"=入库明细表!$B$2:$B$63"，如图5.10-22所示。

图5.10-22

❹ 单击【确定】按钮，返回【名称管理器】对话框，即可看到修改后的名称如图5.10-23所示。

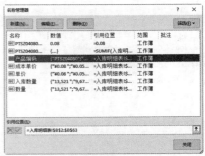

图5.10-23

2. 删除名称

入库明细表中，名称"单价"和"成本单价"实际上是对同一个数据区域的定义，为了避免名称重复、引起混乱，我们可以将重复的名称删除。具体操作步骤如下。

❶ 打开【名称管理器】对话框，选中定义的名称"单价"，单击【删除】按钮，如图5.10-24所示。

图5.10-24

从零开始 ┃ Excel 2016办公应用基础教程

❷ 弹出【Microsoft Excel】对话框，询问用户是否确实要删除名称，如图5.10-25所示。

图5.10-25

❸ 单击【确定】按钮，可以将名称"单价"从名称管理器列表中删除，如图5.10-26所示。

图5.10-26

❹ 用户可以按照相同的方法将重复的名称"数量"删除，如图5.10-27所示。

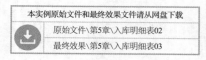

图5.10-27

5.10.4 在公式中使用名称

本实例原始文件和最终效果文件请从网盘下载
原始文件\第5章\入库明细表02
最终效果\第5章\入库明细表03

扫码看视频

定义好名称后，我们就可以将名称应用到公式中了。在公式中使用名称，既能方便输入，又能减少函数的嵌套层数。

在没有定义名称前，如果我们要计算产品编号为"PTSZ04080"的产品在这一个月的入库总金额，需要先使用SUMIF函数计算该产品的入库数量，然后再乘以成本单价，如下图所示。

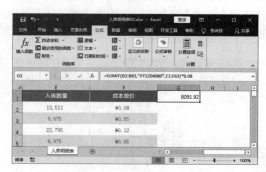

如果我们使用定义的名称进行计算，就简单多了。具体操作步骤如下。

❶ 打开本实例的原始文件"入库明细表02"，切换到【公式】选项卡，在【定义的名称】组中单击【用于公式】按钮，在弹出的名称中选择【PTSZ04080入库总量】选项，如图5.10-28所示。

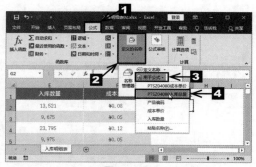

图5.10-28

❷ 可以将名称"PTSZ04080入库总量"输入公式中，如图5.10-29所示。

130

图5.10-29

"PTSZ04080成本单价"也输入公式中。在空白处单击鼠标左键，按【Enter】键完成输入即可，如图5.10-30所示。

图5.10-30

❸ 通过键盘输入运算连接符"*"，再次单击【用于公式】按钮，在弹出的名称中选择【PTSZ04080成本单价】选项，即可将名称

5.11 常见疑难问题解析

问：怎样删除公式中的错误值#DIV/0!

答： 在数学运算中0是不能作为除数的，在Excel中也一样，如果使用0作为除数，就会显示错误值#DIV/0!，除此之外，使用空的单元格作为除数，也会显示错误值#DIV/0!。因此在Excel中使用公式时，如果看到错误值#DIV/0!，应首先检查除数是否为0或空值。

5.12 课后习题

使用函数输入星期几，输入前后的效果分别如图5.12-1和图5.12-2所示。

扫码看视频

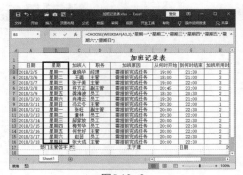

图5.12-1

图5.12-2

第 6 章
管理数据

本章内容简介

　　员工培训管理是企业管理中的一项重要工作。完善的员工培训管理制度，可以清晰地展现员工职位特征，增强企业的稳定程度，最重要的是可以使新员工快速地融入企业文化。本章使用 Excel 2016 提供的排序、筛选以及分类汇总等功能，介绍企业新进员工培训的管理与分析。

学完本章我能做什么

　　通过本章的学习，我们可以熟练掌握数据的排序、筛选、分类汇总等功能。

学习目标

- ▶ 数据的排序
- ▶ 数据的筛选
- ▶ 数据的分类汇总

6.1 数据的排序

为了方便查看表格中的数据，用户可以按照一定的顺序对工作表中的数据进行排序。数据排序主要包括简单排序、复杂排序和自定义排序3种，用户可以根据需要进行选择。

6.1.1 简单排序

所谓简单排序就是设置单一条件对数据进行排序。

本实例原始文件和最终效果文件请从网盘下载
原始文件\第6章\库存商品信息表
最终效果\第6章\库存商品信息表01

扫码看视频

现在用户有一份库存商品明细表，如图6.1-1所示，但是由于在登记库存商品时是按盘点的顺序进行登记的，所以数据比较混乱，不容易看出库存商品存在的问题。

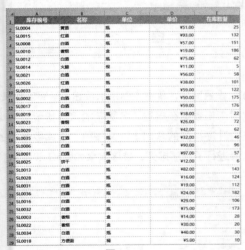

图6.1-1

此时，用户可以根据需求对商品进行简单的排序。例如用户想根据库存判定哪些商品需要进货，就可以根据库存数量的多少进行排序，具体操作步骤如下。

❶ 打开本实例的原始文件，选中单元格区域A1:F37，切换到【数据】选项卡，在【排序和筛选】组中单击【排序】按钮，如图6.1-2所示。

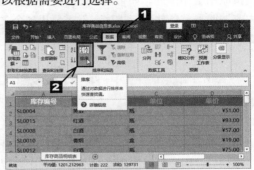

图6.1-2

❷ 弹出【排序】对话框，勾选【数据包含标题】复选框，然后在【主要关键字】下拉列表中选择【在库数量】选项，在【排序依据】下拉列表中选择【单元格值】选项，在【次序】下拉列表中选择【升序】选项，如图6.1-3所示。

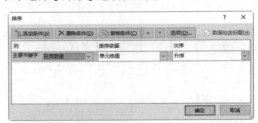

图6.1-3

❸ 单击【确定】按钮，返回Excel工作表，此时表格中的数据根据E列中"在库数量"进行升序排列，如图6.1-4所示。

图6.1-4

6.1.2 复杂排序

如果在排序字段里出现相同的内容，它们会按原始次序排列。如果用户还要对这些相同内容按照一定条件进行排序，就需要用多个关键字进行复杂排序了。

本实例原始文件和最终效果文件请从网盘下载
原始文件\第6章\库存商品信息表01
最终效果\第6章\库存商品信息表02

扫码看视频

库存商品明细表按"在库数量"进行升序排列后，用户可以发现商品名称还是比较混乱。如果用户希望商品名称有规律地排序，然后相同商品再按在库数量排序，就要用到多个关键字进行复杂排序。

❶ 打开本实例的原始文件，选中单元格区域A1:F37，切换到【数据】选项卡，在【排序和筛选】组中单击【排序】按钮，如图6.1-5所示。

图6.1-5

❷ 弹出【排序】对话框，显示的是前一小节中按照"在库数量"进行升序排列的排序条件，如图6.1-6所示。

图6.1-6

❸ 单击【主要关键字】右侧的下三角按钮，在弹出的下拉列表中选择【名称】选项，将【主要关键字】更改为【名称】，如图6.1-7所示。

图6.1-7

❹ 单击【添加条件(A)】按钮，即可添加一组新的排序条件，在【次要关键字】下拉列表中选择【在库数量】选项，其余保持不变，如图6.1-8所示。

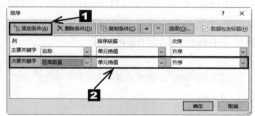
图6.1-8

❺ 设置完毕，单击【确定】按钮，返回工作表。此时表格数据在根据"名称"的汉语拼音首字母进行升序排列的基础上，又按照"在库数量"的数值进行了升序排列，排序效果如图6.1-9所示。

	库存编号	名称	单位	单价	在库数量
2	SL0009	白酒	瓶	¥50.00	7
3	SL0020	白酒	瓶	¥14.00	20
4	SL0019	白酒	瓶	¥18.00	22
5	SL0034	白酒	瓶	¥40.00	30
6	SL0005	白酒	瓶	¥15.00	40
7	SL0001	白酒	瓶	¥97.00	57
8	SL0021	白酒	瓶	¥56.00	58
9	SL0012	白酒	瓶	¥75.00	62
10	SL0029	白酒	瓶	¥42.00	62
11	SL0006	白酒	瓶	¥90.00	96
12	SL0016	白酒	瓶	¥29.00	106
13	SL0031	白酒	瓶	¥19.00	112
14	SL0033	白酒	瓶	¥59.00	122
15	SL0028	白酒	瓶	¥16.00	124
16	SL0013	白酒	瓶	¥82.00	143
17	SL0008	白酒	瓶	¥57.00	151
18	SL0032	白酒	瓶	¥75.00	173
19	SL0002	白酒	瓶	¥50.00	175
20	SL0017	白酒	瓶	¥59.00	176
21	SL0036	白酒	瓶	¥24.00	182
22	SL0025	饼干	袋	¥12.00	6
23	SL0018	方便面	桶	¥5.00	10
24	SL0027	方便面	袋	¥3.00	19
25	SL0030	红酒	瓶	¥26.00	41
26	SL0035	红酒	瓶	¥32.00	46
27	SL0026	红酒	瓶	¥38.00	101
28	SL0015	红酒	瓶	¥93.00	132
29	SL0007	黄酒	瓶	¥60.00	15

图6.1-9

6.1.3 自定义排序

数据的排序方式除了按照数字大小和拼音字母顺序外，还会涉及一些特殊的顺序，如"部门名称""职务""学历"等，此时就要用到自定义排序。

本实例原始文件和最终效果文件请从网盘下载
原始文件\第6章\库存商品信息表02
最终效果\第6章\库存商品信息表03

扫码看视频

对库存商品明细表中的数据按照自定义"名称"顺序进行排序的具体步骤如下。

❶ 打开本实例的原始文件，选中单元格区域A1:F37，按照前面的方法打开【排序】对话框，可以看到前面我们所设置的两个排序条件，在第一个排序条件中的【次序】下拉列表中选择【自定义序列】选项，如图6.1-10所示。

图6.1-10

❷ 弹出【自定义序列】对话框，在【自定义序列】列表框中选择【新序列】选项，在【输入序列】文本框中输入"香烟,白酒,红酒,黄酒,方便面,火腿,饼干"，中间用英文半角状态下的逗号隔开，如图6.1-11所示。

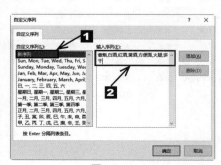

图6.1-11

❸ 单击 添加(A) 按钮，此时新定义的序列就添加在【自定义序列】列表框中，如图6.1-12所示。

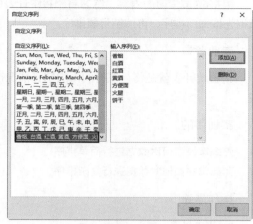

图6.1-12

❹ 单击【确定】按钮，返回【排序】对话框，第一个排序条件中的【次序】下拉列表自动显示【香烟,白酒,红酒,黄酒,方便面,火腿,饼干】选项，如图6.1-13所示。

图6.1-13

❺ 单击【确定】按钮，返回工作表，排序效果如图6.1-14所示。

	A	B	C	D	E
1	库存编号	名称	单位	单价	在库数量
2	SL0022	香烟	盒	¥30.00	20
3	SL0003	香烟	盒	¥14.00	28
4	SL0023	香烟	盒	¥26.00	72
5	SL0010	香烟	盒	¥19.00	186
6	SL0009	白酒	瓶	¥50.00	7
7	SL0020	白酒	瓶	¥14.00	20
8	SL0019	白酒	瓶	¥18.00	22
9	SL0034	白酒	瓶	¥40.00	30
10	SL0005	白酒	瓶	¥15.00	40
11	SL0001	白酒	瓶	¥97.00	57
12	SL0021	白酒	瓶	¥56.00	58
13	SL0012	白酒	瓶	¥75.00	62
14	SL0029	白酒	瓶	¥42.00	62
15	SL0006	白酒	瓶	¥90.00	96
16	SL0016	白酒	瓶	¥29.00	106
17	SL0031	白酒	瓶	¥19.00	112
18	SL0033	白酒	瓶	¥59.00	122
19	SL0028	白酒	瓶	¥16.00	124
20	SL0013	白酒	瓶	¥82.00	143
21	SL0008	白酒	瓶	¥57.00	151
22	SL0032	白酒	瓶	¥75.00	173
23	SL0002	白酒	瓶	¥50.00	175
24	SL0017	白酒	瓶	¥59.00	176
25	SL0036	白酒	瓶	¥24.00	182
26	SL0030	红酒	瓶	¥26.00	12

图6.1-14

6.2 课堂实训——排序销售统计表

根据6.1节学习的内容，练习将销售统计表中的数据按销售额排序，然后练习将销售统计表中的数据先按部门排序，再按销售额排序。

专业背景

销售统计表就是将一段时间内的销售情况按照销售员或者产品类别等进行汇总统计得到的汇总表。

实训目的

◎ 熟练掌握如何对数据进行简单排序

◎ 熟练掌握如何对数据进行复杂排序

本实例原始文件和最终效果文件请从网盘下载
原始文件\第6章\销售统计表
最终效果\第6章\销售统计表

扫码看视频

操作思路

1. 简单排序

打开【排序】对话框，设置参数，如图6.2-1所示。

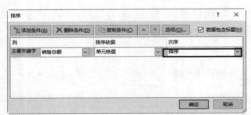

图6.2-1

得到简单排序的结果，如图6.2-2所示。

	A	B	C	D	E
1	编号	姓名	部门	职位	销售总额
2	003	张路	营销一部	经理	194
3	002	耿方	营销一部	总经理	183
4	005	谢华	营销二部	经理	152
5	008	齐西	营销二部	组长	136
6	006	陈晓	营销一部	组长	122
7	001	王丽	营销二部	总经理	109
8	009	郝园	营销一部	员工	98
9	007	刘通	营销二部	课长	97
10	004	叶东	营销一部	科长	84
11	010	赵华	营销二部	员工	66

图6.2-2

2. 复杂排序

打开【排序】对话框，设置两个条件参数，如图6.2-3所示。

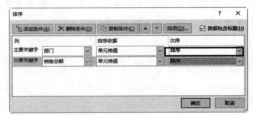

图6.2-3

得到复杂排序的结果如图6.2-4所示。

	A	B	C	D	E
1	编号	姓名	部门	职位	销售总额
2	003	张路	营销一部	经理	194
3	002	耿方	营销一部	总经理	183
4	006	陈晓	营销一部	组长	122
5	009	郝园	营销一部	员工	98
6	004	叶东	营销一部	科长	84
7	005	谢华	营销二部	经理	152
8	008	齐西	营销二部	组长	136
9	001	王丽	营销二部	总经理	109
10	007	刘通	营销二部	课长	97
11	010	赵华	营销二部	员工	66

图6.2-4

6.3 数据的筛选

Excel 2016中提供了3种数据的筛选操作，即“自动筛选”“自定义筛选”和“高级筛选”。用户可以根据需要筛选关于“车辆使用情况”的明细数据。

6.3.1 自动筛选

“自动筛选”一般用于简单的条件筛选，筛选时将不满足条件的数据暂时隐藏起来，只显示符合条件的数据。

本实例原始文件和最终效果文件请从网盘下载

原始文件\第6章\业务费用预算

最终效果\第6章\业务费用预算01

扫码看视频

1. 指定数据的筛选

业务费用预算表中包含了“员工成本”“办公成本”“市场营销成本”和“培训/差旅”4个支出类别，如图6.3-1所示。

	支出项目	支出类别	计划支出	实际支出
2	工资	员工成本	¥1,067,000.00	¥519,000.00
3	奖金	员工成本	¥288,090.00	¥140,130.00
4	办公室租赁	办公成本	¥117,600.00	¥58,800.00
5	燃气	办公成本	¥2,300.00	¥1,224.00
6	电费	办公成本	¥3,600.00	¥1,729.00
7	水费	办公成本	¥480.00	¥208.00
8	电话	办公成本	¥3,000.00	¥1,434.00
9	internet 访问	办公成本	¥2,160.00	¥1,080.00
10	办公用品	办公成本	¥2,400.00	¥1,275.00
11	安全保障	办公成本	¥7,200.00	¥3,600.00
12	网站托管	市场营销成本	¥6,000.00	¥3,000.00
13	网站更新	市场营销成本	¥4,000.00	¥2,500.00
14	宣传资料准备	市场营销成本	¥20,000.00	¥10,300.00
15	宣传资料打印	市场营销成本	¥2,400.00	¥1,580.00
16	市场营销活动	市场营销成本	¥33,000.00	¥14,700.00
17	杂项支出	市场营销成本	¥2,400.00	¥1,079.00
18	培训课程	培训/差旅	¥24,000.00	¥11,000.00
19	与培训相关的差旅成本	培训/差旅	¥24,000.00	¥10,300.00

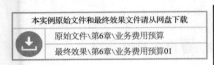

图6.3-1

如果用户只想查看“市场营销成本”，就可以使用指定数据的筛选，具体操作步骤如下。

❶ 打开本实例的原始文件，选中单元格区域A1:F19，切换到【数据】选项卡，在【排序和筛选】组中单击【筛选】按钮，随即各标题字段的右侧出现一个下拉按钮，进入筛选状态，如图6.3-2所示。

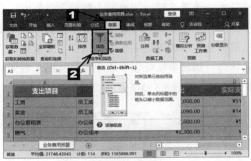

图6.3-2

❷ 单击标题字段【支出类别】右侧的下拉按钮，从弹出的筛选列表中取消勾选【全选】复选框，然后勾选【市场营销成本】复选框，如图6.3-3所示。

图6.3-3

❸ 单击【确定】按钮，返回Excel工作表，筛选效果如图6.3-4所示。

	支出项目	支出类别	计划支出	实际支出
12	网站托管	市场营销成本	¥6,000.00	¥3,000.00
13	网站更新	市场营销成本	¥4,000.00	¥2,500.00
14	宣传资料准备	市场营销成本	¥20,000.00	¥10,300.00
15	宣传资料打印	市场营销成本	¥2,400.00	¥1,580.00
16	市场营销活动	市场营销成本	¥33,000.00	¥14,700.00
17	杂项支出	市场营销成本	¥2,400.00	¥1,079.00

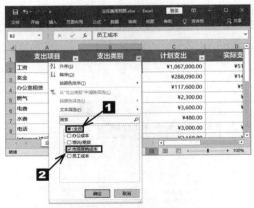

图6.3-4

2. 指定条件的筛选

除了可以直接筛选支出类别的数据外，还可以根据数据大小筛选出指定数据。具体操作步骤如下。

❶ 打开本实例的原始文件，选中数据区域中的任意一个单元格，切换到【数据】选项卡；在【排序和筛选】组中单击【筛选】按钮，撤销之前的筛选，再次单击【筛选】按钮，重新进入筛选状态；然后单击标题字段【实际支出】右侧的下拉按钮，如图6.3-5所示。

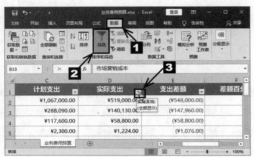

图6.3-5

❷ 从弹出的下拉列表中选择【数字筛选】→【前10项】选项，如图6.3-6所示。

图6.3-6

❸ 弹出【自动筛选前10个】对话框，系统默认筛选最大的10个值，用户可以根据实际需求修改这个条件，例如，此处可以将条件修改为"最大3项"，如图6.3-7所示。

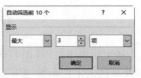

图6.3-7

❹ 单击【确定】按钮，返回Excel工作表，筛选效果如图6.3-8所示。

图6.3-8

6.3.2 自定义筛选

前面讲解的都是单一条件的筛选，但是在实际工作中需要的数据往往要满足多个条件，此时就可以使用自定义筛选功能。

本实例原始文件和最终结果文件请从网盘下载
原始文件\第6章\业务费用预算01
最终效果\第6章\业务费用预算02

扫码看视频

例如，我们要从业务费用预算表中筛选出电费和燃气的费用，具体操作步骤如下。

❶ 打开本实例的原始文件，选中数据区域中的任意一个单元格，切换到【数据】选项卡；在【排序和筛选】组中单击【筛选】按钮，撤销之前的筛选，再次单击【筛选】按钮，重新进入筛选状态；然后单击标题字段【支出项目】右侧的下拉按钮，如图6.3-9所示。

图6.3-9

❷ 从弹出的下拉列表中选择【文本筛选】→
【自定义筛选】选项，如图6.3-10所示。

图6.3-10

❸ 弹出【自定义筛选】对话框，然后将显示条
件设置为"支出项目等于电费或燃气"，如图
6.3-11所示。

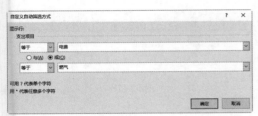

图6.3-11

❹ 单击【确定】按钮，返回工作表，筛选效果
如图6.3-12所示。

图6.3-12

6.3.3 高级筛选

高级筛选一般用于条件较复杂的筛选操
作，其筛选的结果可显示在原数据表格中，不
符合条件的记录则被隐藏起来；也可以在新的
位置显示筛选结果，不符合条件的记录同时保
留在数据表中而不会被隐藏起来，这样更便于
数据比对。

| 本实例原始文件和最终效果文件请从网盘下载 |
| 原始文件\第6章\业务费用预算02 |
| 最终效果\第6章\业务费用预算03 |

扫码看视频

对于复杂条件的筛选，如果使用系统自带
的筛选条件，可能需要多次筛选；而如果使用
高级筛选，就可以自定义筛选条件，具体操作
步骤如下。

❶ 打开本实例的原始文件，切换到【数据】
选项卡；单击【排序和筛选】组中的【筛选】按
钮，撤销之前的筛选；然后在不包含数据的区域
内输入筛选条件，例如在单元格D21中输入"实
际支出"，在单元格D22中输入">5000"，在单
元格E21中输入"差额百分比"，在单元格E22中
输入">50%"，如图6.3-13所示。

图6.3-13

❷ 将光标定位在数据区域的任意一个单元格
中，单击【排序和筛选】组中的【高级】按钮，
如图6.3-14所示。

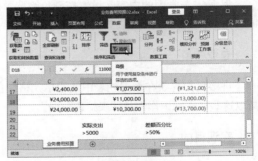

图6.3-14

❸ 弹出【高级筛选】对话框，在【方式】组合框中选中【在原有区域显示筛选结果】单选钮，然后单击【条件区域】文本框右侧的【折叠】按钮，如图6.3-15所示。

图6.3-15

❹ 弹出【高级筛选—条件区域】对话框，在工作表中选择条件区域D21:E22，如图6.3-16所示。

图6.3-16

❺ 选择完毕，单击【展开】按钮，返回【高级筛选】对话框，此时即可在【条件区域】文本框中显示出条件区域的范围，如图6.3-17所示。

图6.3-17

❻ 单击【确定】按钮，返回Excel工作表，筛选结果如图6.3-18所示。

计划支出	实际支出	支出差额	差额百分比
¥1,067,000.00	¥519,000.00	(¥548,000.00)	51%
¥288,090.00	¥140,130.00	(¥147,960.00)	51%
¥33,000.00	¥14,700.00	(¥18,300.00)	55%
¥24,000.00	¥11,000.00	(¥13,000.00)	54%
¥24,000.00	¥10,300.00	(¥13,700.00)	57%

图6.3-18

6.4 课堂实训——按颜色筛选数据

根据6.3节学习的内容，设置按颜色筛选数据，练习按颜色筛选员工信息表数据，可以方便快捷地选择出相应颜色的数据。

专业背景

许多用户喜欢在数据列表中使用单元格颜色来标识重要或特殊的数据，Excel的"筛选"功能支持以这些特殊标识作为条件来筛选数据。

实训目的

◎ 熟练掌握条件筛选方法

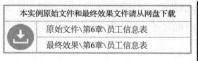

操作思路

当要筛选的字段中设置过单元格颜色时，筛选下拉列表中的【按颜色筛选】选项就会变为可用，并列出当前字段中所有用过的单元格颜色。选中相应的颜色项，就可以筛选出应用了该种颜色的数据。

❶ 打开本实例的原始文件，单击"编号"组的下拉按钮，在弹出的下拉列表中选择【按颜色筛选】选项，在子列表【按单元格颜色筛选】中选择"灰色"颜色，如图6.4-1所示。

❷ 可以完成按单元格颜色筛选，效果如图6.4-2所示。

图6.4-2

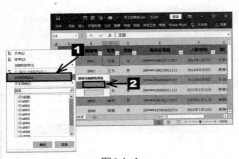

图6.4-1

6.5 数据的分类汇总

分类汇总是按某一字段的内容进行分类，并对每一类统计出相应的结果数据。下面将销售统计表中的数据按照"部门"汇总。

6.5.1 创建分类汇总

创建分类汇总之前，首先要对工作表中的数据进行排序。

> 本实例原始文件和最终效果文件请从网盘下载
> 原始文件\第6章\员工培训成绩表
> 最终效果\第6章\员工培训成绩表
> 扫码看视频

❶ 打开本实例的原始文件，将光标定位在数据区域的任意一个单元格中，切换到【数据】选项卡，单击【排序和筛选】组中的【排序】按钮，如图6.5-1所示。

❷ 弹出【排序】对话框，在【主要关键字】下拉列表中选择【部门】选项，在【排序依据】下拉列表中选择【单元格值】选项，在【次序】下拉列表中选择【升序】选项，然后选中【次要关键字】选项，单击【删除条件】按钮，如图6.5-2所示。

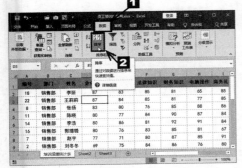

图6.5-1

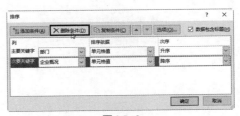

图6.5-2

❸ 可以看到次要关键字条件被删除，如图6.5-3所示。

图6.5-3

❹ 单击【确定】按钮，返回工作表中，此时表格数据即可根据B列中"部门"的拼音首字母进行升序排列，如图6.5-4所示。

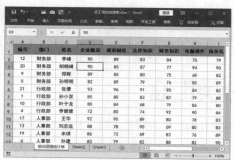

图6.5-4

❺ 切换到【数据】选项卡，单击【分级显示】组中的【分类汇总】按钮，如图6.5-5所示。

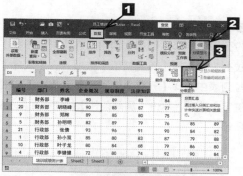

图6.5-5

❻ 弹出【分类汇总】对话框，在【分类字段】下拉列表中选择【部门】选项，在【汇总方式】下拉列表中选择【平均值】选项，在【选定汇总项】列表框中勾选【总成绩】复选框，然后勾选【替换当前分类汇总】和【汇总结果显示在数据下方】复选框，如图6.5-6所示。

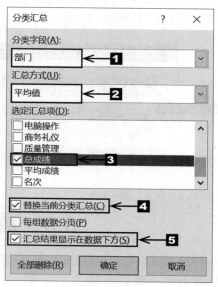

图6.5-6

❼ 单击【确定】按钮，返回工作表，汇总效果如图6.5-7所示。

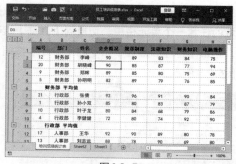

图6.5-7

6.5.2 删除分类汇总

如果用户不再需要将工作表中的数据以分类汇总的方式显示出来，则可将已创建的分类汇总删除。

本实例原始文件和最终结果文件请从网盘下载

| 原始文件\第6章\员工培训成绩表1 |
| 最终效果\第6章\员工培训成绩表1 |

扫码看视频

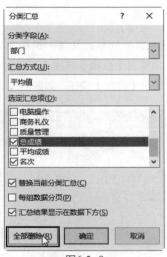

图6.5-9

❶ 打开本实例的原始文件，切换到【数据】选项卡，单击【分类显示】组中的【分类汇总】按钮，如图6.5-8所示。

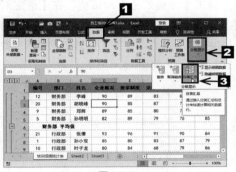

图6.5-8

❷ 弹出【分类汇总】对话框，单击【全部删除】按钮，如图6.5-9所示。

❸ 单击【确定】按钮，返回工作表，此时即可将所创建的分类汇总全部删除，使工作表恢复到分类汇总前的状态，如图6.5-10所示。

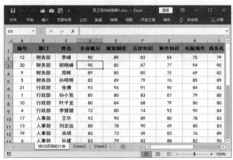

图6.5-10

6.6 课堂实训——按区域分类汇总奖金表数据

根据6.5节学习的内容，按区域分类汇总业务员奖金，方便快捷地汇总出想要的数据。

专业背景

分类汇总在统计数据中有着重要的辅助作用，可以大大提高工作效率。分类汇总具体要如何操作呢？下面就来学习Excel 2016分类汇总的使用方法。

实训目的

◎ 熟练掌握分类汇总方法

本实例原始文件和最终结果文件请从网盘下载

| 原始文件\第6章\业务奖金表 |
| 最终效果\第6章\业务奖金表 |

扫码看视频

操作思路

❶ 打开本实例的原始文件，选中单元格区域A1:I11，切换到【数据】选项卡，单击【排序和筛选】组中的【排序】按钮，如图6.6-1所示。

图6.6-1

❷ 弹出【排序】对话框，在【主要关键字】下拉列表中选择【编号】选项，在【排序依据】下拉列表中选择【单元格值】选项，在【次序】下拉列表中选择【升序】选项，如图6.6-2所示。

图6.6-2

❸ 单击【确定】按钮，返回工作表，此时表格数据即可根据A列中"编号"进行升序排列，如图6.6-3所示。

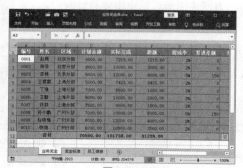

图6.6-3

❹ 切换到【数据】选项卡，单击【分级显示】组中的【分类汇总】按钮，如图6.6-4所示。

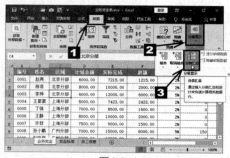

图6.6-4

❺ 弹出【分类汇总】对话框，在【选定汇总项】列表框中勾选【区域】复选框，然后勾选【替换当前分类汇总】和【汇总结果显示在数据下方】复选框，如图6.6-5所示。

图6.6-5

❻ 单击【确定】按钮，返回工作表，汇总效果如图6.6-6所示。

图6.6-6

6.7　常见疑难问题解析

问：数据区域中包含空行或者空列时可以进行排序操作吗？

答：通常情况下，如果用户单击数据区域中的任意一个单元格进行排序，Excel都会自动识别选中整个数据区域，使排序操作可以正常进行。但是，如果在数据区域中包含空行或者空列的情况下使用此方法，Excel就无法正确地识别整个数据区域，排序就会产生错误的结果。因此，当数据区域存在空行或空列时，需要手动选定完整的数据区域后再进行相关的排序操作，以避免出现某些无法预知的错误。

6.8　课后习题

（1）对员工培训成绩表中的数据进行排序，如图6.8-1所示。

（2）筛选并挑选成绩优秀的员工，即平均成绩大于等于85的员工，如图6.8-2所示。

扫码看视频

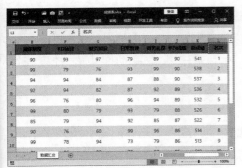

图6.8-1

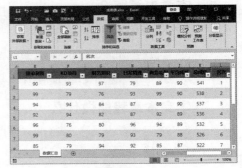

图6.8-2

第7章
使用图表

本章内容简介

　　图表不仅仅是将数字可视化，更重要的是对数据背后信息的挖掘。通过图表，我们可以更容易发现问题，进而根据图表分析问题、解决问题。其逻辑分析的过程一环套一环，可以直接把影响数据变化的因素找出来。

学完本章我能做什么

　　通过本章的学习，我们可以使用图表表现数据间的数量、趋势、比例分配等关系。

学习目标

- ▶ **认识图表**
- ▶ **创建和美化图表**
- ▶ **特殊制图**
- ▶ **制作高级图表**

7.1 认识图表

图表的本质，是将枯燥的数字展现为生动的图像，帮助我们理解和记忆数字。

7.1.1 图表的组成

图表主要由图表区、绘图区、图表标题、数值轴、分类轴、数据系列、网格线以及图例等组成。

图表区

图表区是指图表的背景区域，主要包括所有的数据信息以及图表说明信息。

绘图区

绘图区主要包括数据系列、数值轴、分类轴和网格线等，它是图表最重要的部分。

图表标题

图表标题用来说明图表表达的主题。

数值轴

数值轴是用来表示数据大小的坐标轴，它是根据工作表中自定义数据的大小定位长度的。

分类轴

分类轴用来表示图表中需要对比观察的对象。

数据系列

数据系列是指以系列的方式显示在图表中的可视化数据。分类轴上的每一个分类都对应一个或多个数据，不同分类中的颜色相同的数据构成了一个数据系列。

网格线

网格线是绘图区中为了便于观察数据大小而设置的线，包括主要网格线和次要网格线。

图例

图例用来表示图表中数据系列的图案、颜色和名称。

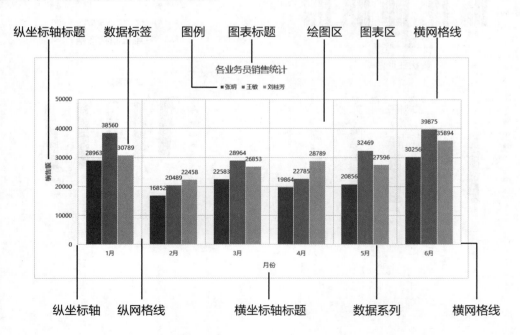

7.1.2 图表的类型

为了满足用户对图表的多种需求，Excel 2016提供了15种图表类型，最常用的有柱形图、折线图、饼图，其余的还有条形图、面积图、XY散点图、股价图、曲面图、树状图、旭日图、雷达图等，每一种图表类型又可以分为几种不同的子图表类型。下面分别对这些不同类型的图表进行简单的介绍。

柱形图

柱形图是实际工作中经常用到的图表类型之一，它可以直观地反映出一段时间内各项数据的变化，因此在数据统计和销售报表中有着非常广泛的应用。柱形图主要有簇状柱形图、堆积柱形图、百分比堆积柱形图、三维簇状柱形图、三维堆积柱形图、三维百分比堆积柱形图、三维柱形图7种。

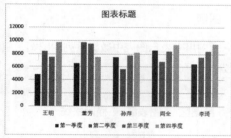
簇状柱形图

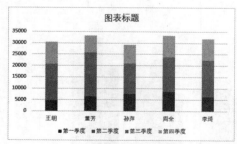
堆积柱形图

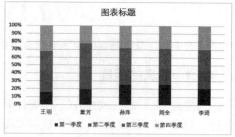
百分比堆积柱形图

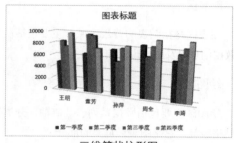
三维簇状柱形图

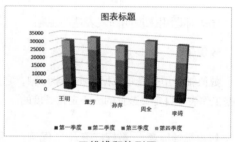
三维堆积柱形图

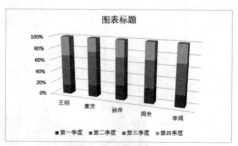
三维百分比堆积柱形图

折线图

折线图主要用于表示数据的连续性和变化趋势，也可以显示相同时间间隔内数据的预测趋势。折线图强调的是数据的时间性和变动率，而非变动量。折线图主要有折线图、堆积折线图、百分比堆积折线图、带数据标记的折线图、带数据标记的堆积折线图、带数据标记的百分比堆积折线图以及三维折线图7种类型。

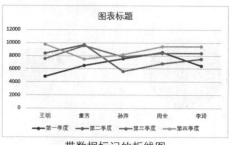

带数据标记的折线图

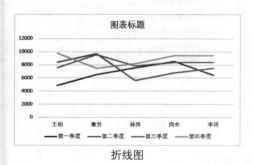

折线图

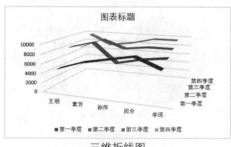

三维折线图

饼图

饼图用于显示数据系列中各项占系列数值总和的比例关系。由于它只能显示一个系列的比例关系，因此当选中多个系列的时候，也只能显示其中的一个系列。饼图主要分为5种，分别是饼图、三维饼图、子母饼图、复合条饼图以及圆环图。

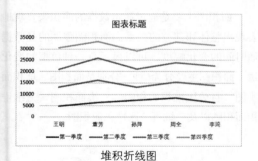

堆积折线图

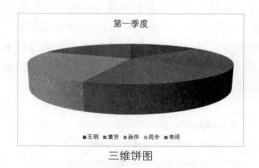

三维饼图

百分比堆积折线图

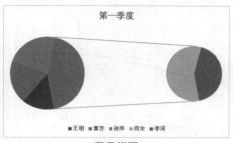

子母饼图

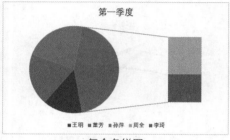

复合条饼图

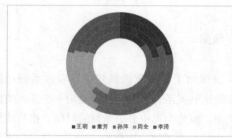

圆环图

条形图

从形状上看，条形图就是旋转90°的柱形图。条形图主要分为6种，分别是簇状条形图、堆积条形图、百分比堆积条形图、三维簇状条形图、三维堆积条形图以及三维百分比堆积条形图。

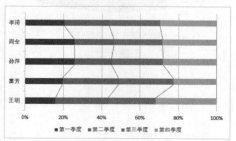

百分比堆积条形图

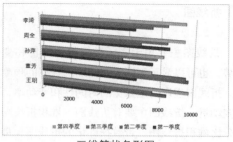

三维簇状条形图

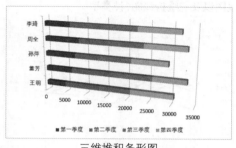

三维堆积条形图

面积图

面积图主要是通过显示数据的面积来直观地表现出整体和部分的关系。面积图强调的是数据随时间的变化幅度，可以显示每一种数据的变化量。面积图主要分为6种，分别是面积图、堆积面积图、百分比堆积面积图、三维面积图、三维堆积面积图以及三维百分比堆积面积图。

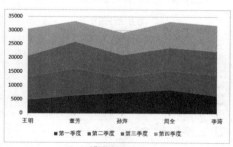

堆积面积图

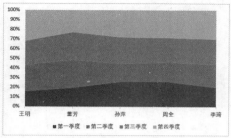

百分比堆积面积图

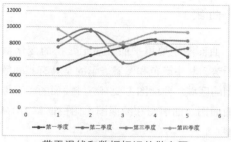

带平滑线和数据标记的散点图

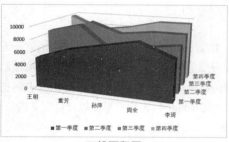

三维面积图

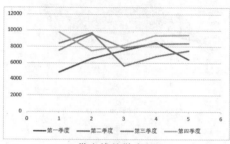

带直线的散点图

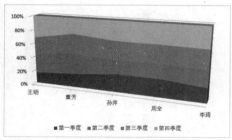

三维百分比堆积面积图

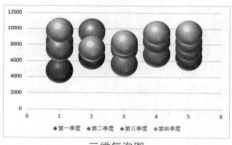

三维气泡图

XY散点图

XY散点图类似于折线图，通常用于科学数据的表达、数据趋势的预测以及试验数据的拟合，用来显示单个或多个数据系列中各个数值之间的关系。XY散点图主要有散点图、带平滑线和数据标记的散点图、带平滑线的散点图、带直线和数据标记的散点图、带直线的散点图、气泡图和三维气泡图7种类型。

股价图

股价图主要用来描绘股票的走势，它主要包括盘高—盘低—收盘图、开盘—盘高—盘低—收盘图、成交量—盘高—盘低—收盘图以及成交量—开盘—盘高—盘低—收盘图4种。用户在创建股价图的时候，要创建哪一种类型的股价图，就应该按照其名称中显示的数据顺序排列数据。

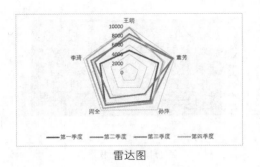

雷达图

⊘ 曲面图

曲面图主要用平面来显示数据的变化情况和趋势，其中颜色和图案表示的是具有相同数值范围的区域。曲面图主要有三维曲面图、三维线框曲面图、曲面图和曲面图（俯视框架图）4种类型。

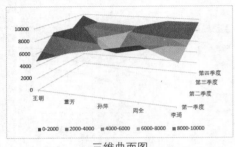

三维曲面图

⊘ 雷达图

雷达图上的每一个分类都拥有自己的数字坐标轴，这些坐标轴由中心点向外辐射，并由折线将同一个系列中的数据值连接起来。雷达图主要用于显示数据系列相对于中心点以及相对于彼此数据类别的变化。

⊘ 组合图

组合图将两种或更多图表类型组合在一起，以便使数据更容易被理解。组合图主要有簇状柱形图–折线图、簇状柱形图–次坐标轴上的折线图、堆积面积图–簇状柱形图以及自定义组合4种类型。

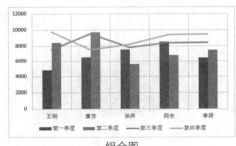

组合图

7.2 创建和美化图表

用户不仅需要了解图表的作用和分类，还需要掌握创建和设置图表的方法。

7.2.1 创建图表并调整

Excel 2016不仅具备强大的数据整理、统计分析能力，而且还可以用它来制作各种类型的图表。下面根据员工的销售情况创建一个"员工销售统计图表"，从中可以方便快捷地观察出业务员的销售业绩。

本实例原始文件和最终效果文件请从网盘下载

原始文件\第7章\员工销售统计图表

最终效果\第7章\员工销售统计图表

扫码看视频

1. 创建图表

❶ 打开本实例的原始文件，切换到工作表"销售数量"，选中单元格区域A1:E6，然后切换到【插入】选项卡，在【图表】组中单击右下角的【查找所有图表】按钮，如图7.2-1所示。

图7.2-1

❷ 随即弹出【插入图表】对话框，切换到【所有图表】，从中选择一种合适的图表选项，例如选择【折线图】选项，如图7.2-2所示。

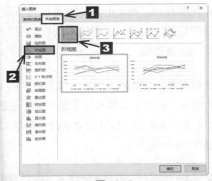

图7.2-2

❸ 单击【确定】按钮，此时即可在工作表中插入一个折线图，如图7.2-3所示。

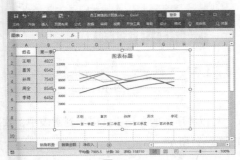

图7.2-3

2. 调整图表大小和位置

插入图表后，为了使图表显示在工作表中的合适位置，用户可以调整其大小和位置。

❶ 选中要调整大小的图表，此时图表区的四周会出现8个控制点，将鼠标指针移动到图表的右下角，此时鼠标指针变成十字形状。按住鼠标左键向左上或右下拖动图表，将其拖动到合适的大小后释放鼠标左键即可，如图7.2-4所示。

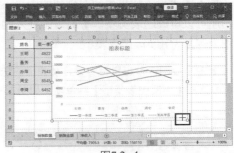

图7.2-4

❷ 将鼠标指针移动到要调整位置的图表上，此时鼠标指针变成 ✛ 形状，按住鼠标左键不放并拖动图表，如图7.2-5所示。

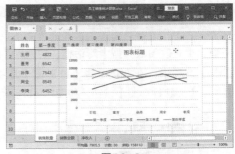

图7.2-5

❸ 将图表拖动到合适的位置后，释放鼠标左键即可，效果如图7.2-6所示。

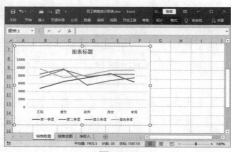

图7.2-6

3. 更改图表类型

插入图表后，如果用户对创建的图表不满意，还可以更改图表类型。下面以刚插入的折线图为例，为其更改图表类型。

❶ 选中折线图，单击鼠标右键，从弹出的快捷菜单中选择【更改图表类型】菜单项，如图7.2-7所示。

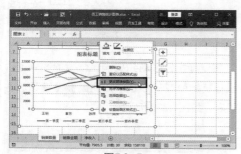

图7.2-7

❷ 弹出【更改图表类型】对话框，切换到【所有图表】选项卡，在左侧选择【柱形图】选项，然后单击【簇状柱形图】按钮，如图7.2-8所示。

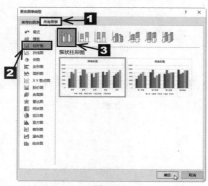

图7.2-8

❸ 单击【确定】按钮，可以看到更改图表类型的设置效果，如图7.2-9所示。

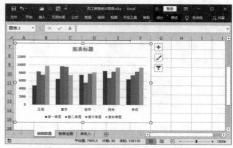

图7.2-9

4. 设计图表布局

插入图表后，如果用户对图表布局不满意，还可以重新进行设计。以刚插入的柱形图为例，为其设计图表布局。

❶ 选中图表，切换到【图表工具】栏中的【设计】选项卡，单击【图表布局】组中的【快速布局】按钮，从弹出的下拉列表中选择【布局3】选项，如图7.2-10所示。

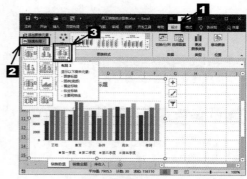

图7.2-10

❷ 可以将所选的布局样式应用到图表中，效果如图7.2-11所示。

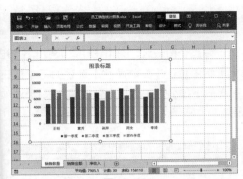

图7.2-11

5. 设计图表样式

Excel 2016提供了很多图表样式，用户可以从中选择合适的样式，以便美化图表。设计图表样式的具体步骤如下。

❶ 选中创建的图表，切换到【图表工具】栏中的【设计】选项卡，单击【图表样式】组中的【其他】按钮，如图7.2-12所示。

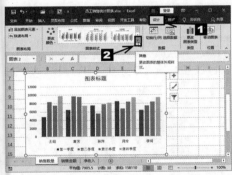

图7.2-12

❷ 从弹出的下拉列表中选择【样式14】选项，如图7.2-13所示。

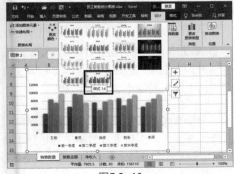

图7.2-13

❸ 可以将所选的图表样式应用到图表中，效果如图7.2-14所示。

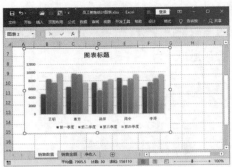

图7.2-14

7.2.2 美化图表

为了使创建的图表看起来更加美观，用户可以对图表标题和图例、图表区域、数据系列、绘图区、坐标轴、网格线等项目进行格式设置。下面通过美化"销售统计图表"来具体学习。

| 本实例原始文件和最终效果文件请从网盘下载 |
| 原始文件\第7章\员工销售统计图表1 |
| 最终效果\第7章\员工销售统计图表1 |

扫码看视频

1. 设置图表标题和图例

❶ 打开本实例的原始文件，将图表标题修改为"员工销售业绩图表"。选中图表标题，切换到【开始】选项卡，在【字体】组中的【字体】下拉列表中选择【方正楷体简体】选项，如图7.2-15所示。

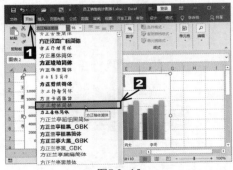

图7.2-15

❷ 在【字号】下拉列表中选择【18】选项，然后单击【加粗】按钮，撤销加粗效果，如图7.2-16所示。

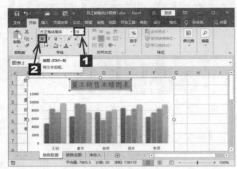

图7.2-16

❸ 选中图表，切换到【图表工具】栏中的【设计】选项卡，单击【图表布局】组中的【添加图表元素】按钮，从弹出的下拉列表中选择【图例】→【无】选项，如图7.2-17所示。

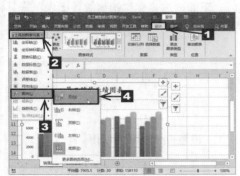

图7.2-17

❹ 返回Excel工作表，此时原有的图例就被隐藏起来了，如图7.2-18所示。

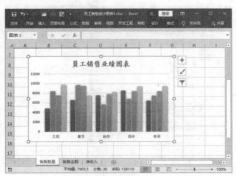

图7.2-18

2. 设置图表区域格式

❶ 选中整个图表区，在【设计】选项卡【图表样式】组中单击【更改颜色】选项的下拉按钮，在弹出的下拉列表中选择【彩色调色板4】选项，如图7.2-19所示。

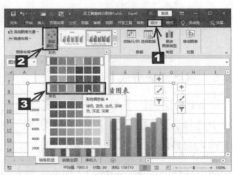

图7.2-19

❷ 返回Excel工作表，可以看到更改颜色的效果，如图7.2-20所示。

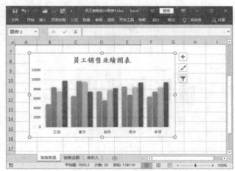

图7.2-20

3. 设置坐标轴格式

默认创建的图表的横网格线往往比较密集，容易让人产生阅读障碍。所以在创建图表后，可以通过调整坐标轴的单位（即数值间隔）来适当增大横网格线之间的间距。

❶ 选中垂直（值）轴，然后单击鼠标右键，从弹出的快捷菜单中选择【设置坐标轴格式】菜单项，如图7.2-21所示。

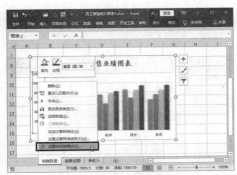

图7.2-21

4. 添加数据标签

❶ 切换到【图表工具】栏中的【设计】选项卡,单击【图表布局】组中的【添加图表元素】按钮,从弹出的下拉列表中选择【数据标签】→【其他数据标签选项】选项,如图7.2-24所示。

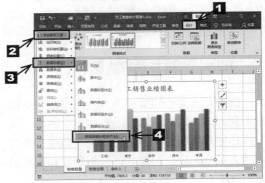

图7.2-24

❷ 弹出【设置坐标轴格式】任务窗格,切换到【坐标轴选项】选项卡,单击【坐标轴选项】按钮,在【单位】选项组的【大】文本框中输入"3000.0",如图7.2-22所示。

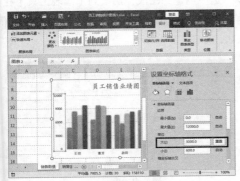

图7.2-22

❷ 弹出【设置数据标签格式】任务窗格,切换到【标签选项】选项卡,单击【标签选项】按钮,在【标签包括】选项组中勾选【值】复选框,取消勾选【显示引导线】复选框,如图7.2-25所示。

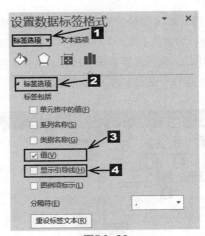

图7.2-25

❸ 单击【关闭】按钮,返回Excel工作表,设置效果如图7.2-23所示。

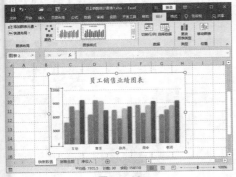

图7.2-23

❸ 单击【关闭】按钮,返回Excel工作表,设置效果如图7.2-26所示。

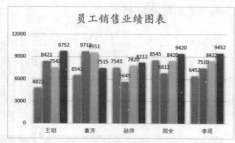

图7.2-26

7.2.3 创建并编辑饼图

饼图是表达一组数据的百分比占比关系最常用到的图表之一。饼图还有扇形、圆形、多个圆环嵌套等不同的衍生形式。下面通过某公司的人员结构分析图来具体讲解创建和编辑饼图的方法。

本实例原始文件和最终效果文件请从网盘下载	
原始文件\第7章\人员结构分析	
最终效果\第7章\人员结构分析	

扫码看视频

1. 创建饼图

❶ 打开本实例的原始文件，选中单元格区域A1:E8，切换到【插入】选项卡，单击【图表】组中的【插入饼图或圆环图】按钮，从弹出的下拉列表中选择【饼图】选项，如图7.2-27所示。

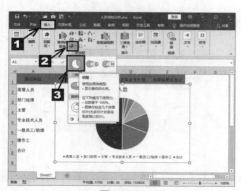

图7.2-27

❷ 可以看到在工作表中插入了一个饼图，调整图表位置，如图7.2-28所示。

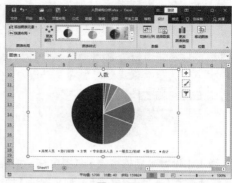

图7.2-28

2. 编辑饼图

❶ 选中创建的图表，切换到【图表工具】栏中的【设计】选项卡，单击【图表样式】组中【其他】按钮，如图7.2-29所示。

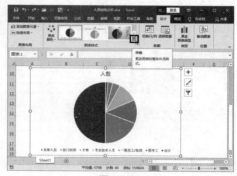

图7.2-29

❷ 从弹出的下拉列表中选择【样式8】选项，如图7.2-30所示。

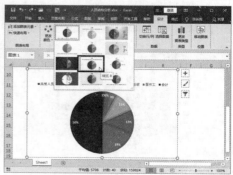

图7.2-30

❸ 可以看到所选的图表样式被应用到图表中，效果如图7.2-31所示。

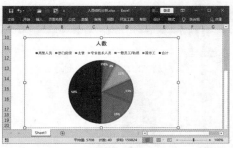

图7.2-31

❹ 用户也可以选择饼图中一个颜色进行更改。例如，选中深蓝色区域，双击鼠标左键，弹出【设置数据点格式】任务窗格，在【系列选项】组中单击【填充与线条】选项，如图7.2-32所示。

图7.2-32

❺ 单击【填充】组中的【填充颜色】下拉按钮，在弹出的颜色选项中选中合适的颜色，如果列表中没有合适的颜色，可以单击【其他颜色】选项，如图7.2-33所示。

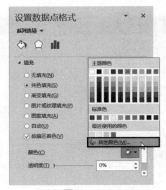

图7.2-33

❻ 弹出【颜色】对话框，在【自定义】选项卡中选择合适的颜色，单击【确定】按钮，如图7.2-34所示。

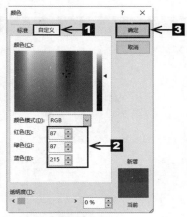

图7.2-34

❼ 返回Excel工作表，设置后的效果如图7.2-35所示。

图7.2-35

❽ 选中数据标签，切换到【开始】选项卡，在【字体】组中调整字体大小并更改字体颜色为黑色，效果如图7.2-36所示。

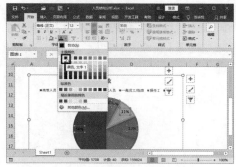

图7.2-36

❾ 选中一个扇形，按住鼠标左键拖动这个扇形，即可单独强调其中一部分图形，如图7.2-37所示。

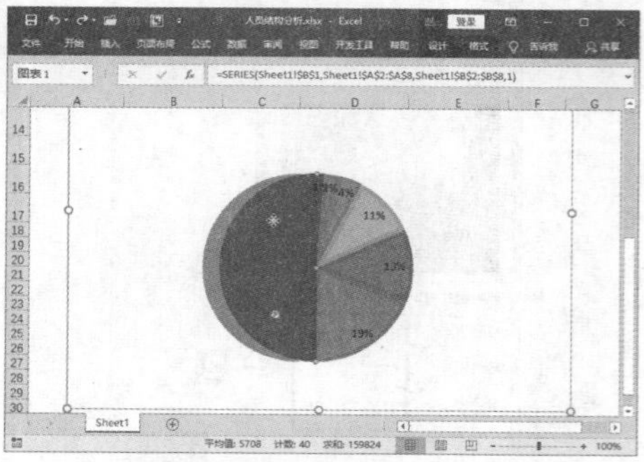

❿ 将扇形拖动到合适的位置，释放鼠标左键即可，设置效果如图7.2-38所示。

图7.2-37

图7.2-38

7.3 课堂实训——根据销售额绘制一个折线图

为了了解业务员个人销售情况，需要定期对每个业务员的销售业绩进行汇总，同时考核业务员的工作能力，接下来对员工销售业绩表进行分析。

专业背景

通过绘制折线图可以及时了解销售人员的销售情况。

实训目的

◎ 掌握创建图表
◎ 掌握美化图表

本实例原始文件和最终效果文件请从网盘下载
原始文件\第7章\绘制折线图
最终效果\第7章\绘制折线图

扫码看视频

操作思路

❶ 打开本实例的原始文件，选中单元格区域A1:E6，切换到【插入】选项卡，单击【图表】组中的【插入折线图或面积图】按钮，从弹出的下拉列表中选择【折线图】选项，如图7.3-1所示。

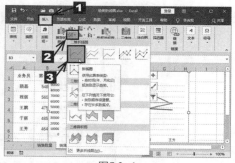

图7.3-1

❷ 可以看到在工作表中插入了一个折线图,调整图表位置,如图7.3-2所示。

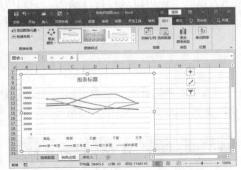

图7.3-2

❸ 选中创建的图表,切换到【图表工具】栏中的【设计】选项卡,单击【图表样式】组中【其他】按钮,如图7.3-3所示。

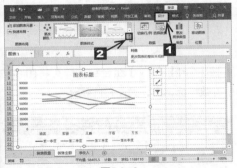

图7.3-3

❹ 从弹出的下拉列表中选择【样式11】选项,如图7.3-4所示。

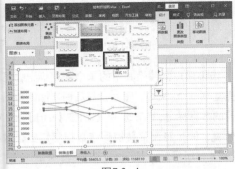

图7.3-4

❺ 可以将所选的图表样式应用到图表中,效果如图7.3-5所示。

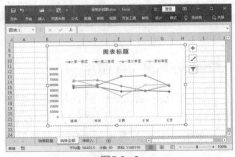

图7.3-5

❻ 将图表标题修改为"员工销售图表"。选中图表标题,切换到【开始】选项卡,在【字体】组中的【字体】下拉列表中选择【华文楷体】选项,如图7.3-6所示。

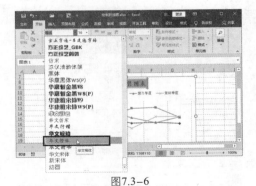

图7.3-6

❼ 在【字号】下拉列表中选择【18】选项,标题设置效果如图7.3-7所示。

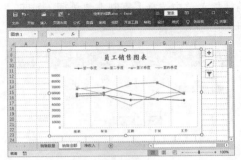

图7.3-7

7.4 特殊制图

在日常办公中，用户除了直接在工作表中插入常见图表以外，还可以进行特殊制图，例如巧用QQ图片美化图库，制作温度计型图表、波士顿矩阵图、人口金字塔分布图、任务甘特图、气泡图、瀑布图等。

7.4.1 巧用 QQ 图片

Excel 2016中的图表不但可以使用形状和颜色来修饰数据标记，还可以使用QQ图片等特定图片。使用与图表内容相关的图片替换数据标记，能够制作更加生动、可爱的图表。

本实例原始文件和最终效果文件请从网盘下载
原始文件\第7章\巧用QQ图片
最终效果\第7章\巧用QQ图片

扫码看视频

❶ 打开本实例的原始文件，在工作表中插入一些具有可爱形象的QQ图片，如图7.4-1所示。

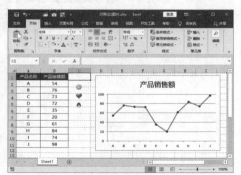

图7.4-1

❷ 选中"心形"图片，单击鼠标右键，在弹出的快捷菜单中选择【复制】菜单项，如图7.4-2所示。

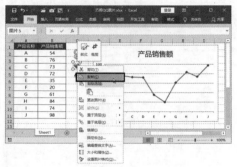

图7.4-2

❸ 单击图表中的任意一个数据标记，即可选中整个图表的数据标记，如图7.4-3所示。

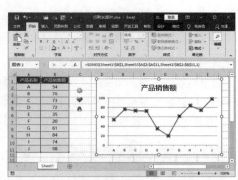

图7.4-3

❹ 按【Ctrl】+【V】组合键，即可将图片粘贴到所有数据标记上，如图7.4-4所示。

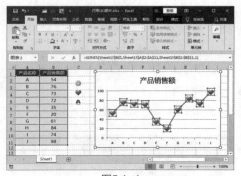

图7.4-4

❺ 如果用户要替换其中的单个数据标记，可以首先复制一个"QQ"图片，然后两次间断单击要替换的数据标记，将其选中，然后按【Ctrl】+【V】组合键，即可将图片替换到该数据标记上，效果如图7.4-5所示。

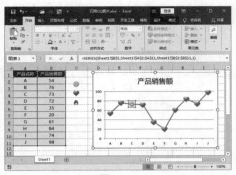

图7.4-5

❻ 使用同样的方法可替换其他数据标记，如图7.4-6所示。

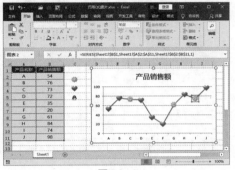

图7.4-6

❼ 除了可以在折线图中使用QQ图片，还可以在柱形图中使用QQ图片。首先复制"太阳"图片，然后选中数据系列，如图7.4-7所示。

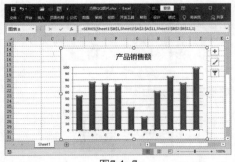

图7.4-7

❽ 按【Ctrl】+【V】组合键进行粘贴，效果如图7.4-8所示。

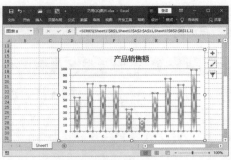

图7.4-8

❾ 选中整个柱形图，然后单击鼠标右键，在弹出的快捷菜单中选择【设置数据系列格式】菜单项，如图7.4-9所示。

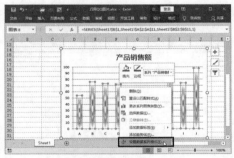

图7.4-9

❿ 弹出【设置数据系列格式】任务窗格，切换到【系列选项】选项卡，选中【填充与线条】按钮，然后在【填充】组中选中【层叠】单选钮，如图7.4-10所示。

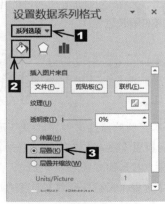

图7.4-10

⑪ 设置完毕，单击【关闭】按钮，返回工作表，最终效果如图所示，如图7.4-11所示。

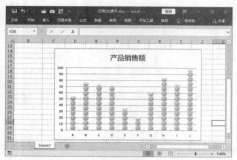

图7.4-11

⑫ 也可以使用同样的方法为柱形图应用其他QQ图片，设置完毕的效果如图7.4-12所示。

图7.4-12

7.4.2 制作温度计型图表

温度计型图表可以动态地显示某项工作完成的百分比，形象地反映出某项目的工作进度或某些数据的增长趋势。

本实例原始文件和最终效果文件请从网盘下载
原始文件\第7章\温度计型图表
最终效果\第7章\温度计型图表

扫码看视频

❶ 打开本实例的原始文件，选中单元格区域C3:D3，切换到【插入】选项卡，单击【图表】组中的【插入柱形图或条形图】按钮，在弹出的下拉列表中选择【堆积柱形图】选项，如图7.4-13所示。

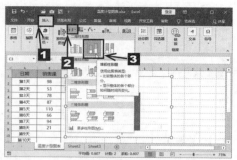

图7.4-13

❷ 此时在工作表中插入了一个堆积柱形图，如图7.4-14所示。

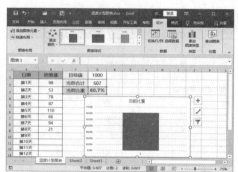

图7.4-14

❸ 选中图表，切换到【设计】选项卡，单击【图表布局】组中的【添加图表元素】按钮，在弹出的下拉列表中选择【图例】选项，在弹出的菜单项中选择【无】选项，如图7.4-15所示。

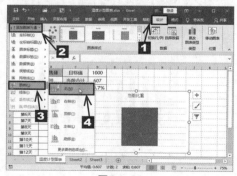

图7.4-15

❹ 单击【添加图表元素】按钮，在弹出的下拉列表中选择【坐标轴】选项，在弹出的菜单中选择【主要横坐标轴】选项，如图7.4-16所示。

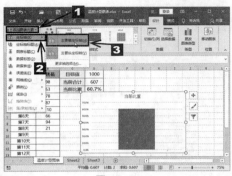

图7.4-16

❺ 单击【添加图表元素】组中的【网格线】按钮，在弹出的下拉列表中选择【主轴主要水平网格线】选项，如图7.4-17所示。

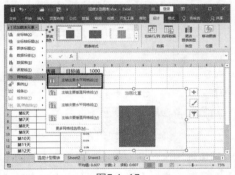

图7.4-17

❻ 返回工作表，将图表标题的字体格式设置为"微软雅黑，16号，蓝色加粗"，设置效果如图7.4-18所示。

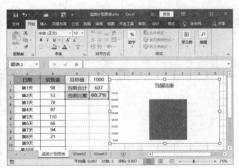

图7.4-18

❼ 选中纵向坐标轴，单击鼠标右键，在弹出的快捷菜单中选择【设置坐标轴格式】菜单项，如图7.4-19所示。

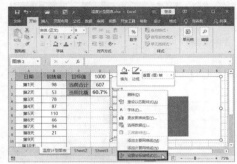

图7.4-19

❽ 弹出【设置坐标轴格式】任务窗格，切换到【坐标轴选项】选项卡，选中【最大值】选项，将数据调整为"1.0"，如图7.4-20所示。

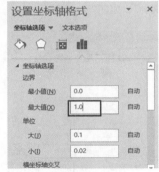

图7.4-20

❾ 单击【关闭】按钮，返回工作表，设置效果如图7.4-21所示。

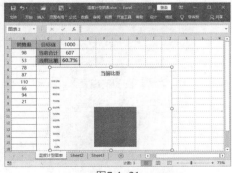

图7.4-21

⓾ 选中数据系列，单击鼠标右键，在弹出的快捷菜单中选择【设置数据系列格式】菜单项，如图7.4-22所示。

图7.4-22

⓫ 弹出【设置数据系列格式】任务窗格，切换到【系列选项】选项卡，单击【系列重叠】组合框中的滑块，拖动滑块，将数据调整为"100%"，然后拖动【间隙宽度】组合框中的滑块，将数据调整为".00%"，如图7.4-23所示。

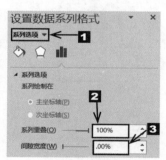

图7.4-23

⓬ 切换到【填充】选项卡，选中【图案填充】单选钮，在【图案】组合框中选择【横线：交替水平线】选项，如图7.4-24所示。

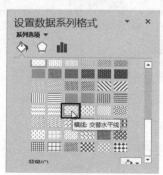

图7.4-24

⓭ 在【前景】下拉列表中选择【橙色，个性色6，25%】选项，如图7.4-25所示。

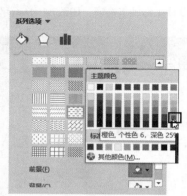

图7.4-25

⓮ 单击【关闭】按钮，返回工作表中，设置效果如图7.4-26所示。

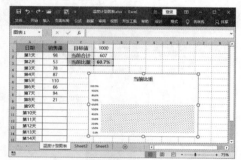

图7.4-26

⓯ 选中绘图区，切换到【图表工具】栏的【格式】选项卡，单击【形状样式】组中的【形状轮廓】按钮，在弹出的下拉列表中选择【红色】选项，如图7.4-27所示。

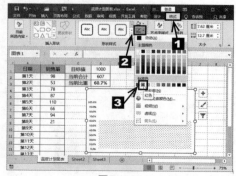

图7.4-27

⓰　选中绘图区，单击鼠标右键，在弹出的快捷菜单中选择【设置绘图区格式】菜单项，如图7.4-28所示。

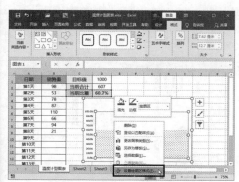

图7.4-28

⓱　弹出【设置绘图区格式】任务窗格，切换到【填充】选项卡，选中【纯色填充】单选钮，然后在【颜色】下拉列表中选择【深红】选项，如图7.4-29所示。

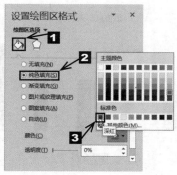

图7.4-29

⓲　单击【关闭】按钮，返回工作表，设置效果如图7.4-30所示。

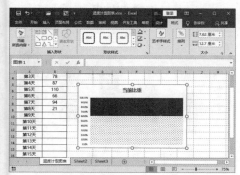

图7.4-30

⓳　选中整个图表，此时图表区的四周会出现8个控制点。将鼠标指针移动到图表的右下角，此时鼠标指针变成十字形状，按住鼠标左键向上、下、左、右进行拖动，调整图表大小，如图7.4-31所示。

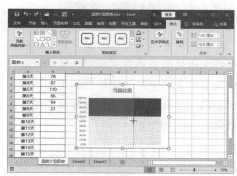

图7.4-31

⓴　使用同样的方法，选中整个绘图区，将图表拖动到合适的位置，释放鼠标左键即可，设计完毕。温度计型图表的最终效果如图7.4-32所示。

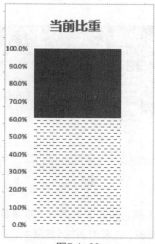

图7.4-32

7.5 制作高级图表

前面几节中我们介绍了Excel中基本图表的创建、编辑和格式化。在实际工作中，为了满足分析的需要，我们可能会需要用更复杂一些的图表来表述数据。

7.5.1 用箭头替代数据条

在使用柱形图表现数据时，如果要体现出销量持续增长的好消息，使用箭头形状取代图表中的数据条将更能表明数据的正向增长。下面我们以一个具体实例来讲解如何使用箭头替代数据条。具体操作步骤如下。

本实例原始文件和最终效果文件请从网盘下载

原始文件\第7章\近5年销售对比
最终效果\第7章\近5年销售对比01

扫码看视频

❶ 打开本实例的原始文件"近5年销售对比"，选中数据区域的任意一个单元格，切换到【插入】选项卡，在【图表】组中单击【推荐的图表】按钮，如图7.5-1所示。

图7.5-1

❷ 弹出【插入图表】对话框，系统默认切换到【推荐的图表】选项卡，在列表框中单击选中【簇状柱形图】选项，如图7.5-2所示。

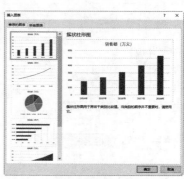

图7.5-2

❸ 单击【确定】按钮，即可在工作表中插入一个柱形图，如图7.5-3所示。

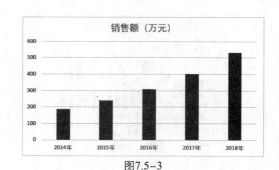

图7.5-3

❹ 对柱形图进行格式化编辑，最终效果如图7.5-4所示。

图7.5-4

❺ 将光标定位到工作表的空白区域中,切换到【插入】选项卡,在【插图】组中单击【形状】按钮,在弹出的下拉列表中选择【箭头总汇】→【箭头:上】选项,如图7.5-5所示。

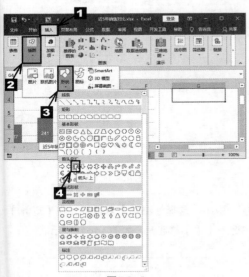

图7.5-5

❻ 在工作表的空白区域单击鼠标左键,即可绘制一个上箭头,同时弹出【绘图工具】栏,在工具栏的【形状样式】组中单击【形状填充】按钮右侧的下三角按钮,在弹出的下拉列表中选择【最近使用的颜色】→【青色】选项(图表中数据系列的颜色),如图7.5-6所示。

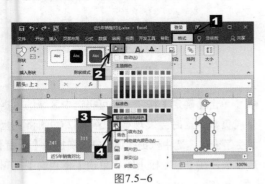

图7.5-6

❼ 单击【形状轮廓】按钮右侧的下三角按钮,在弹出的下拉列表中选择【无轮廓】选项,如图7.5-7所示。

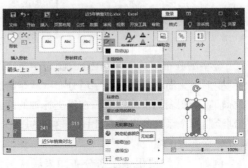

图7.5-7

❽ 按【Ctrl】+【C】组合键将箭头复制到剪贴板上,单击图表中的任意一个数据条,选中数据系列中的所有数据条,如图7.5-8所示。

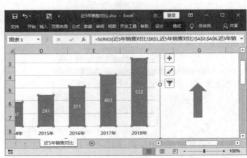

图7.5-8

❾ 按【Ctrl】+【V】组合键进行粘贴,即可将所有数据条替换为箭头,如图7.5-9所示。

图7.5-9

7.5.2 制作金字塔分布图

图7.5-11

金字塔分布图其实就是Exce1图表中条形图的"变形"。简单地讲，金字塔分布图就是将纵坐标轴置于图表的中间位置，在纵坐标轴的两侧分别绘制两个系列的条形对比图，这样的图形，其直观感染力更强。

例如，我们使用金字塔分布图来展现男女网购比例的情况，就会非常直观，如图7.5-10所示。

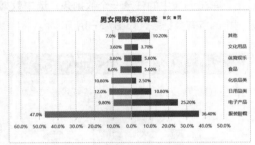

图7.5-10

这种图表是如何制作出来的呢？

首先，占比肯定都是正数，如果两个数据一列，它们就都会在纵坐标轴的右侧显示。要想使数据系列分布在纵坐标轴的两侧，就需要将一个数据系列设置为负值。

❶ 打开本实例的原始文件"男女网购情况调查"，在工作表的空白单元格中输入"-1"；按【Ctrl】+【C】组合键，将"-1"复制到剪贴板上；然后选中女性数据系列的数据区域C2:C9，在选中的数据区域上单击鼠标右键，在弹出的快捷菜单中选择【选择性粘贴】菜单项，如图7.5-11所示。

❷ 弹出【选择性粘贴】对话框，在【运算】组中选中【乘】单选钮，如图7.5-12所示。

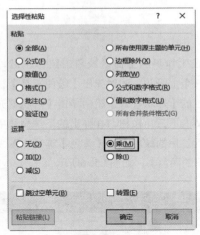

图7.5-12

❸ 单击【确定】按钮，即可将选中区域的数据变成负数，这时会发现数据区域C2:C9的格式也发生了变化。选中数据区域B2:B9，切换到【开始】选项卡，在【剪贴板】组中单击【格式刷】按钮，如图7.5-13所示。

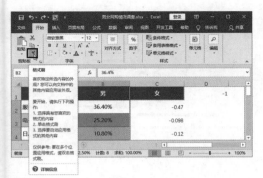

图7.5-13

❹ 鼠标指针随即变成小刷子形状,选中数据区域C2:C9,即可将选中区域的格式复制成与数据区域B2:B9一样的格式,如图7.5-14所示。

	A	B	C
1	购物类型	男	女
2	服装鞋帽	36.40%	-47.00%
3	电子产品	25.20%	-9.80%
4	日用品类	10.80%	-12.00%
5	化妆品类	2.50%	-10.80%
6	食品	5.60%	-6.00%
7	体育娱乐	5.60%	-3.80%
8	文化用品	3.70%	-3.60%
9	其他	10.20%	-7.00%

图7.5-14

❺ 选中数据区域A1:C9,切换到【插入】选项卡,在【图表】组中单击【插入柱形图或条形图】按钮,在弹出的下拉列表中选择【堆积条形图】选项,如图7.5-15所示。

图7.5-15

❻ 可以在工作表中插入一个堆积条形图,效果如图7.5-16所示。

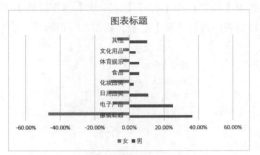

图7.5-16

❼ 对条形图的图表标题、坐标轴和图例进行格式化编辑,效果如图7.5-17所示。

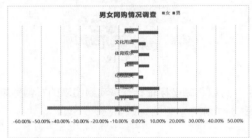

图7.5-17

从插入的图表中可以看到,两个数据系列已经分布在了纵坐标轴的两侧,但是纵坐标轴的标签在两个数据系列的中间,会影响数据的展示,为了清晰地显示图表和纵坐标轴,我们可以将纵坐标轴的标签移到图表之外。

❽ 选中图表中的纵坐标轴,单击鼠标右键,在弹出的快捷菜单中选择【设置坐标轴格式】菜单项,如图7.5-18所示。

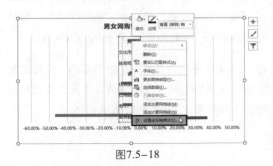

图7.5-18

❾ 弹出【设置坐标轴格式】任务窗格，系统自动切换到【坐标轴选项】选项卡。单击【坐标轴选项】按钮，在【标签】组中的【标签位置】下拉列表中选择【高】选项，如图7.5-19所示。

图7.5-19

❿ 可以将纵坐标轴标签移动到图表的右侧，如图7.5-20所示。

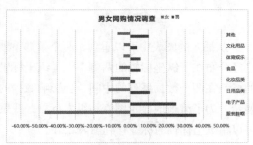

图7.5-20

金字塔分布图的两个数据系列应该对齐，但是当前图表中左右两侧的条形没有对齐，可以通过调整"系列重叠"为100%来进行调整，同时还应该调整"间隙宽度"，使条形的宽度合适。

⓫ 选中图表中的任意一个数据系列，单击鼠标右键，在弹出的快捷菜单中选择【设置数据系列格式】菜单项，如图7.5-21所示。

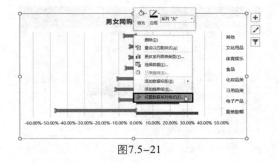

图7.5-21

⓬ 弹出【设置数据系列格式】任务窗格。单击【系列选项】按钮，在【系列选项】组中将【系列重叠】设置为"100%"，【间隙宽度】设置为"80%"，如图7.5-22所示。

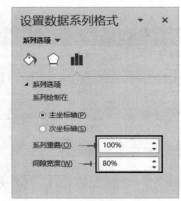

图7.5-22

⓭ 单击【关闭】按钮，调整完成，效果如图7.5-23所示。

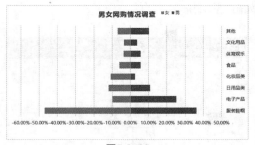

图7.5-23

最开始的时候，为了将两个数据系列分布在纵坐标轴的两侧，将其中的一个数据系列设置成了负数，致使当前图表横坐标轴中的刻度是负数，看起来比较别扭，而且容易让读者对数据产生理解误差。此时，我们可以通过调整坐标轴的数字格式来去掉负号。

⓮ 选中图表中的横坐标轴，单击鼠标右键，在弹出的快捷菜单中选择【设置坐标轴格式】菜单项，如图7.5-24所示。

图7.5-24

⓯ 弹出【设置坐标轴格式】任务窗格，单击【坐标轴选项】按钮，在【数字】组中的【类别】下拉列表中选择【特殊格式】选项，在【格式代码】文本框中输入"#0.##0%;#0.##0%"，如图7.5-25所示。

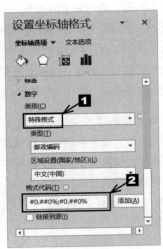

图7.5-25

⓰ 单击【添加】按钮，即可将坐标轴中的负值修改为正值，如图7.5-26所示。

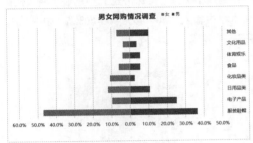

图7.5-26

⓱ 为了读者更清楚地了解男女网购各类产品的比例，我们还应该为图表添加数据标签。选中图表，单击图表右侧的【添加】按钮，在弹出的下拉列表中勾选【数据标签】复选框，即可为图表添加数据标签，如图7.5-27所示。

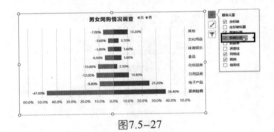

图7.5-27

⓲ 选中左侧的数据标签，单击鼠标右键，在弹出的快捷菜单中选择【设置数据标签格式】菜单项，如图7.5-28所示。

图7.5-28

⓳ 弹出【设置数据标签格式】任务窗格，单击【标签选项】按钮，在【数字】组中的【类别】下拉列表中选择【特殊格式】选项，在【格式代码】文本框中输入"#0.##0%;#0.##0%"，如图7.5-29所示。

图7.5-29

⓴ 单击【关闭】按钮，一个完整美观的金字塔分布图就制作完成了，如图7.5-30所示。

图7.5-30

7.5.3 制作双轴复合图表

本实例原始文件和最终效果文件请从网盘下载

原始文件\第7章\2014—2018年销售额及增长率

最终效果\第7章\2014—2018年销售额及增长率01

扫码看视频

工作中，有时需要在同一个 Excel 图表中反映多组数据的变化趋势，例如，要同时反映每年的销售额和销售增长率。但销售额数值往往远大于销售增长率数值，当这两个数据系列出现在同一个图表中时，增长率的变化趋势会由于数值太小而无法在图表中展现出来，如图 7.5-31 所示。

图7.5-31

这时我们可以使用双轴复合图表来解决这个问题。双轴复合图表就是在同一个图表中有两个纵坐标，分别用来标记不同的数据系列，如图7.5-32 所示。

图7.5-32

下面我们以 "2014—2018 年销售额及增长率" 为例，介绍如何创建双轴复合图表。由于大多数情况下我们使用的是单轴图表，所以在创建图表的时候，大多数人会直接创建单轴图表，创建完成后发现了问题，才又将其更改为双轴图表，所以此处我们也是先创建一个单轴图表，然后再将其更改为双轴图表。具体操作步骤如下。

❶ 打开本实例的原始文件 "2014—2018 年销售额及增长率"，将光标定位在数据区域的任意一个单元格中，切换到【插入】选项卡，在【图表】组中单击【插入柱形图或条形图】按钮，在弹出的下拉列表中选择【簇状柱形图】选项，如图7.5-33所示。

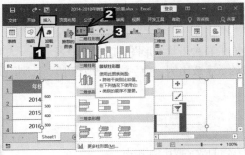

图7.5-33

❷　可以在工作表中插入一个柱形图，插入之后用户可以发现增长率的变化趋势由于数值太小而无法在图表中展现出来，如图7.5-34所示。

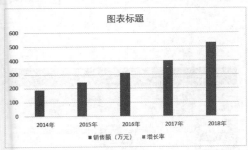

图7.5-34

❸　选中图表中的一个数据系列，切换到【图表工具】栏的【设计】选项卡，在【类型】组中单击【更改图表类型】按钮，如图7.5-35所示。

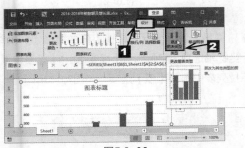

图7.5-35

❹　弹出【更改图表类型】对话框，在【为您的数据系列选择图表类型和轴:】列表框中，将数据系列【增长率】的【图表类型】设置为【带数据标记的折线图】，并勾选其后面的【次坐标轴】复选框，如图7.5-36所示。

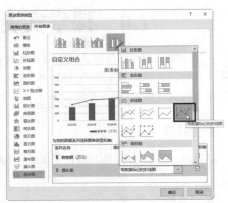

图7.5-36

❺　设置完毕，单击【确定】按钮，返回工作表，可以看到图表已经更改为柱形图与折线图的复合图表了，如图7.5-37所示。

图7.5-37

❻　对图表的各个元素进行格式化，效果如图7.5-38所示。

图7.5-38

7.6 课堂实训——特殊图表的制作

人口金字塔分布图是按人口年龄和性别表示人口分布的特种塔状条形图，能形象地表示某一人群的年龄和性别构成。水平条代表每一年龄组男性和女性的数字或比例，金字塔中各个年龄、性别组的人口相加构成了总人口。

专业背景

通过绘制特殊图表，可以轻松了解每一年龄组男性和女性的数字或比例情况。

实训目的

◎ 掌握插入图表
◎ 掌握编辑图表

本实例原始文件和最终效果文件请从网盘下载
原始文件\第7章\人口分布图
最终效果\第7章\人口分布图

扫码看视频

操作思路

❶ 打开本实例的原始文件，选中单元格区域A1:C11，切换到【插入】选项卡，单击【图表】组中的【插入柱形图或条形图】按钮，在弹出的下拉列表中选择【簇状条形图】选项，如图7.6-1所示。

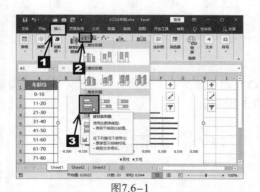

图7.6-1

❷ 此时工作表中插入了一个簇状条形图，选中纵向坐标轴，单击鼠标右键，在弹出的快捷菜单中选择【设置坐标轴格式】菜单项，如图7.6-2所示。

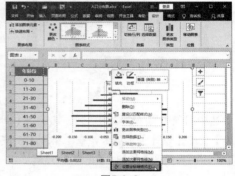

图7.6-2

❸ 弹出【设置坐标轴格式】任务窗格，切换到【坐标轴选项】选项卡，在【标签】组中【标签位置】下拉列表中选择【低】选项，如图7.6-3所示。

图7.6-3

❹ 设置完毕，单击【关闭】按钮，返回工作表，此时纵坐标轴就移动到了图表的左侧，如图7.6-4所示。

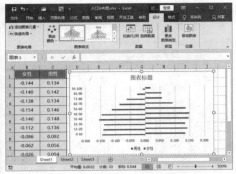

图7.6-4

❺ 选中"女性"系列，然后单击鼠标右键，在弹出的快捷菜单中选择【设置数据系列格式】菜单项，如图7.6-5所示。

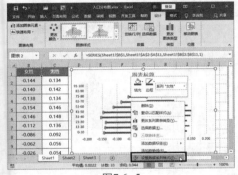

图7.6-5

❻ 弹出【设置数据系列格式】任务窗格，切换到【系列选项】选项卡，单击【系列重叠】组合框，将数据调整为"100%"，然后单击【间隙宽度】组合框，将数据调整为".00%"，如图7.6-6所示。

图7.6-6

❼ 切换到【填充】选项卡，选中【纯色填充】单选钮，然后在【颜色】下拉列表中选择【绿色】选项，如图7.6-7所示。

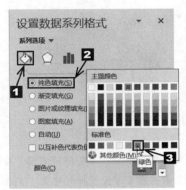

图7.6-7

❽ 切换到【边框】选项卡，选中【实线】单选钮，然后在【颜色】下拉列表中选择【黑色，文字1】选项，如图7.6-8所示。

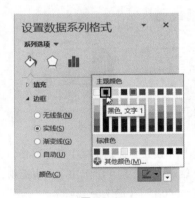

图7.6-8

❾ 设置完毕，单击【关闭】按钮，返回工作表，效果如图7.6-9所示。

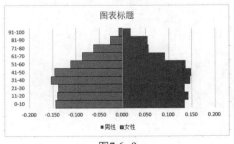

图7.6-9

⑩ 使用同样的方法将"男性"系列设置为黑色实线边框，并将其填充为蓝色，如图7.6-10所示。

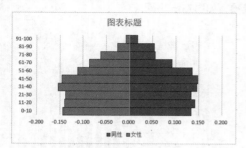

图7.6-10

⑪ 选中横向坐标轴，单击鼠标右键，在弹出的快捷菜单中选择【设置坐标轴格式】菜单项，如图7.6-11所示。

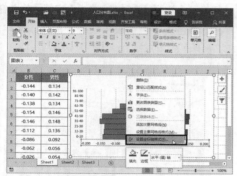

图7.6-11

⑫ 弹出【设置坐标轴格式】任务窗格，切换到【坐标轴选项】选项卡，选中【大】选项，将数据调整为"0.1"，如图7.6-12所示。

图7.6-12

⑬ 切换到【数字】选项卡，在【类别】列表框中选择【数字】选项，然后在【小数位数】微调框中输入"1"，如图7.6-13所示。

图7.6-13

⑭ 设置完毕，单击【关闭】按钮，返回工作表，如图7.6-14所示。

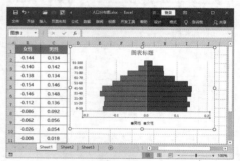

图7.6-14

⑮ 为图表添加标题"人口金字塔"，然后将字体格式设置为"微软雅黑"和"加粗"，效果如图7.6-15所示。

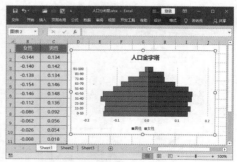

图7.6-15

7.7　常见疑难问题解析

问：怎样在图表中插入形状？

答：选择图表，在功能区【图表工具】栏的【格式】选项卡【插入形状】组的一个列表框中列出了最近使用过的形状，可单击向下箭头滚动显示所有形状，但是这种方式每次显示的图形图标很少。也可以直接单击下拉箭头，显示所有的形状下拉面板，在该面板中列出了各种常用的形状。

7.8　课后习题

（1）根据"销售统计图表"中的数据来制作一个简单的柱形图，如图7.8-1所示。

（2）对柱形图的图表标题进行字体设置，并对柱形图的填充颜色和形状进行设置，效果如图7.8-2所示。

扫码看视频

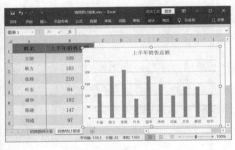

图7.8-1

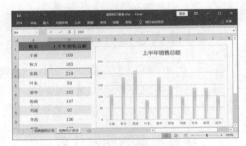

图7.8-2

第8章
数据透视分析

本章内容简介

在编辑工作表数据的过程中，数据透视表和数据透视图是经常用到的数据分析工具。使用数据透视表和数据透视图可以直观地反映数据的对比关系，而且具有很强的数据筛选和汇总功能。本章以制作产品销售明细账为例，介绍数据透视表和数据透视图的使用方法。

学完本章我能做什么

通过本章的学习，我们可以熟练掌握和使用数据透视表和数据透视图等功能。

学习目标

▶ 创建数据透视表

▶ 编辑数据透视表

▶ 创建数据透视图

▶ 编辑数据透视图

8.1 创建数据透视表

创建一个数据透视表后，可以根据实际需要将数据分组，也可以重新排列数据信息。创建数据透视表的具体步骤如下。

8.1.1 创建空白数据透视表

分析数据前，首先需要创建空白数据透视表，具体操作步骤如下。

本实例原始文件和最终效果文件请从网盘下载
原始文件\第8章\产品销售明细表
最终效果\第8章\产品销售明细表

扫码看视频

❶ 打开本实例的原始文件，切换到工作表"2019年销售明细表"，选中所有数据，然后切换到【插入】选项卡，在【表格】组中单击【数据透视表】按钮，如图8.1-1所示。

图8.1-1

❷ 弹出【创建数据透视表】对话框，选中【新工作表】单选钮，单击【确定】按钮，如图8.1-2所示。

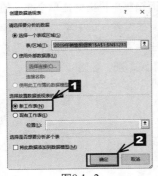

图8.1-2

❸ 此时即可在新增加的工作表"Sheet1"中创建一个空白的数据透视表，如图8.1-3所示。

图8.1-3

8.1.2 添加字段

创建了数据透视表之后，还需要为其添加字段。添加字段的方法主要有利用右键快捷菜单和利用鼠标拖曳两种方法。

本实例原始文件和最终效果文件请从网盘下载
原始文件\第8章\产品销售明细表1
最终效果\第8章\产品销售明细表1

扫码看视频

1. 利用右键快捷菜单

利用右键快捷菜单添加字段的具体操作步骤如下。

❶ 在创建数据透视表的时候，系统会自动地打开一个【数据透视表字段】任务窗格。在【选择要添加到报表的字段】列表框中选择要添加的报表字段，例如选择【业务员】选项，然后单击鼠标右键，在弹出的快捷菜单中选择【添加到报表筛选】菜单项，如图8.1-4所示。

图8.1-4

❷ 此时即可将选择的字段显示在数据透视表的页字段区域中，如图8.1-5所示。

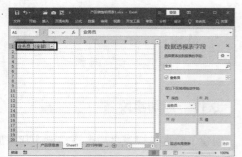

图8.1-5

❸ 在【选择要添加到报表的字段】列表框中选择要添加的报表字段，例如勾选【产品名称】复选框，【产品名称】字段会自动添加到【行标签】组合框中，如图8.1-6所示。

图8.1-6

❹ 依次选中【产品编码】【规格】和【单位】复选框，【产品编码】【规格】和【单位】字段也会自动添加到【行标签】组合框中，如图8.1-7所示。

图8.1-7

❺ 使用同样的方法选中【销售单价】【销售金额】和【净收入】复选框，【销售单价】【销售金额】和【净收入】字段即可自动添加到【数值】组合框中，如图8.1-8所示。

图8.1-8

❻ 此时，【销售单价】字段中显示的数据是求和项，而销售单价指的是单个商品的销售价，所以需要更改设置。选中单元格B3，单击鼠标右键，在弹出的快捷菜单中选择【值汇总依据】→【平均值】菜单项，如图8.1-9所示。

图8.1-9

❼　商品的销售单价即可显示出来，也可作为每个商品单价的查询项，如图8.1-10所示。

图8.1-10

2．利用鼠标拖曳

用户还可以利用鼠标拖曳的方式为数据透视表添加字段，这个方法比较方便、快捷，具体操作步骤如下。

❶　将鼠标指针移动到【选择要添加到报表的字段】列表框中的【类别】选项上，此时鼠标指针变成 形状，如图8.1-11所示。

图8.1-11

❷　按住鼠标左键不放，将【类别】选项拖曳到【数据透视表字段】任务窗格的【在以下区域间拖动字段】的【筛选器】列表框中，如图8.1-12所示。

图8.1-12

❸　释放鼠标左键，【类别】选项即可显示在数据透视表的页字段区域中，如图8.1-13所示。

图8.1-13

❹　将鼠标指针移动到【选择要添加到报表的字段】列表框中的【出库单号】选项上，此时鼠标指针变成 形状，如图8.1-14所示。

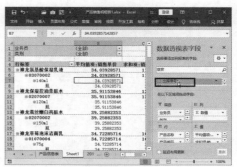

图8.1-14

❺ 按住鼠标左键不放，将【出库单号】选项拖曳到【数据透视表字段】任务窗格的【在以下区域间拖动字段】的【行】列表框中，如图8.1-15所示。

图8.1-15

❻ 释放鼠标左键，【出库单号】选项即可显示在数据透视表的行字段区域中，如图8.1-16所示。

图8.1-16

❼ 使用同样的方法将【销售日期】选项拖曳到【行】列表框中，如图8.1-17所示。

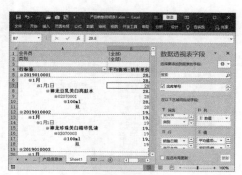

图8.1-17

❽ 使用同样的方法将【成本单价】选项拖曳到【值】列表框中，如图8.1-18所示。

图8.1-18

❾ 使用前面介绍的方法将【客户】选项添加到【筛选器】列表框中，将【销售数量】选项添加到【值】列表框中，如图8.1-19所示。

图8.1-19

❿ 将【销售数量】的【值汇总依据】设为【求和】，如图8.1-20所示。

图8.1-20

8.2 编辑数据透视表

数据透视表创建完成后，无论是外观样式，还是内部结构，都不美观，因此需要对其编辑设计。编辑数据透视表的具体步骤如下。

8.2.1 设置数据透视表字段

创建完数据透视表后，可以对数据透视表中的字段进行设置。

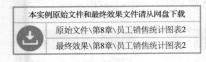

本实例原始文件和最终效果文件请从网盘下载
原始文件\第8章\员工销售统计图表2
最终效果\第8章\员工销售统计图表2
扫码看视频

1. 显示数据来源

用户可以查看数据透视表中某个单元格中的数据是由哪些详细数据汇总而来的，具体操作步骤如下。

❶ 打开本实例的原始文件，双击单元格B10，如图8.2-1所示。

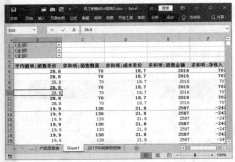

图8.2-1

❷ 此时可以看到系统自动创建了一个新工作表，其中显示了工作表"Sheet1"中单元格B10的详细数据来源，如图8.2-2所示。

图8.2-2

2. 显示项目中的数据

用户可以将需要的一个或多个项目中的数据显示出来，以方便查看相关的数据信息，没有选择的项目就自动隐藏起来。显示项目中数据的具体操作步骤如下。

❶ 切换到工作表"Sheet1"，单击【客户】右侧的下三角按钮，在弹出的下拉列表中勾选【选择多项】复选框，此时默认选择的是全部产品。如图8.2-3所示。

图8.2-3

❷ 如果只想显示某个产品的客户购买情况，首先取消勾选【全部】复选框，然后选择所需的选项，例如选择【朵朵化妆品】，如图8.2-4所示。

图8.2-4

❸ 选择完毕，单击【确定】按钮，即可显示刚刚选中的产品的客户购买情况。如图8.2-5所示。

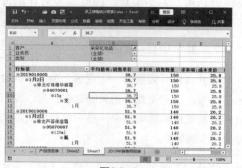

图8.2-5

❹ 如果要查询所有客户购买产品的情况，则单击【客户】右侧的下三角按钮，在弹出的下拉列表中选择【全部】复选框，或者是取消勾选【选择多项】复选框，如图8.2-6所示。

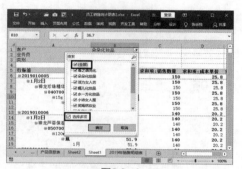

图8.2-6

❺ 选择完毕，单击【确定】按钮，此时即可显示所有客户购买产品的情况，如图8.2-7所示。

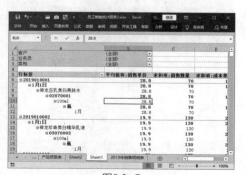

图8.2-7

3. 调整数据顺序

数据透视表中各个字段的位置都是可以移动的，用户可以根据需要对行标签和列标签中数据的位置进行相应的调整。

上下移动的操作步骤如下。

❶ 在单元格A14上单击鼠标右键，在弹出的快捷菜单中选择【移动】→【将"神龙红石榴亮白面霜"上移】菜单项，如图8.2-8所示。

图8.2-8

❷ 此时即可看到【神龙红石榴亮白面霜】行标签被移到了【神龙红石榴精华乳液】行标签的上方，如图8.2-9所示。

图8.2-9

❸ 右键单击单元格A13，在弹出的快捷菜单中选择【移动】→【将"神龙红石榴亮白面霜"移至开头】菜单项，如图8.2-10所示。

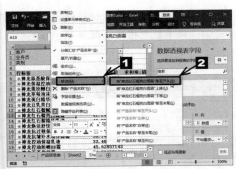

图8.2-10

图8.2-13

❹ 此时可以看到【神龙红石榴亮白面霜】行标签被移动到了行标签的开头，如图8.2-11所示。

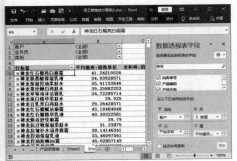

图8.2-11

左右移动的操作步骤如下。

❶ 在【数据透视表字段】任务窗格中单击【值】列表框中的【求和项：销售数量】字段，然后在弹出的下拉列表中选择【下移】选项，如图8.2-12所示。

图8.2-12

❷ 此时即可看到【求和项：销售数量】被移到了【求和项：成本单价】的右侧，如图8.2-13所示。

❸ 在【数据透视表字段】任务窗格中单击【值】列表框中的【求和项：成本单价】字段，然后在弹出的下拉列表中选择【移至末尾】选项，如图8.2-14所示。

图8.2-14

❹ 此时即可看到【求和项：成本单价】被移到了列标签的最右侧，如图8.2-15所示。

图8.2-15

4. 修改数字格式

用户可以根据需要对数字格式进行修改，具体操作步骤如下。

❶ 选中单元格B5，单击鼠标右键，在弹出的快捷菜单中选择【数字格式】菜单项，如图8.2-16所示。

图8.2-16

❷ 随即弹出【设置单元格格式】对话框，在【分类】列表框中选择【货币】选项，在【负数】列表框中选择【￥-1,234.10】选项，如图8.2-17所示。

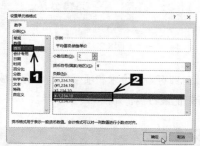

图8.2-17

❸ 单击【确定】按钮，即可看出"销售单价"中的数字格式发生了变化，如图8.2-18所示。

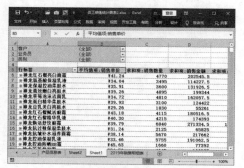

图8.2-18

❹ 选中单元格C5，单击鼠标右键，在弹出的快捷菜单中选择【数字格式】菜单项，如图8.2-19所示。

图8.2-19

❺ 随即弹出【设置单元格格式】对话框，在【分类】列表框中选择【数值】选项，在【小数位数】微调框中输入"0"，在【负数】列表框中选择【-1234】选项，如图8.2-20所示。

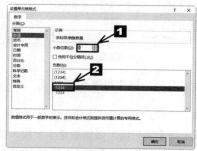

图8.2-20

❻ 单击【确定】按钮，即可看出"销售数量"中的数字格式发生了变化，如图8.2-21所示。

图8.2-21

8.2.2 设置数据透视表布局

创建数据透视表的目的是要制作需要的汇总分析报表，这就需要学会布局数据透视表。很多人会创建数据透视表，也会拖放字段，但频繁操作后，最后得到的报表连自己都不知道要表达什么了。下面我们来具体介绍如何布局数据透视表。

本实例原始文件和最终效果文件请从网盘下载
原始文件\第8章\员工销售统计图表3
最终效果\第8章\员工销售统计图表3

扫码看视频

1. 更改数据源

在使用数据透视表的时候，经常需要更改数据透视表的数据源，具体的操作步骤如下。

❶ 打开本实例的原始文件，切换到工作表"Sheet1"中，切换到【分析】选项卡，在【数据】组中单击【更改数据源】下三角按钮，在弹出的下拉列表中选择【更改数据源】选项，如图8.2-22所示。

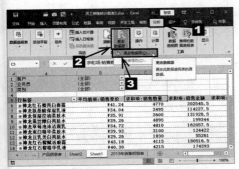

图8.2-22

❷ 从弹出【更改数据透视表数据源】对话框，选中【选择一个表或区域】单选钮，单击【表/区域】文本框右侧的【折叠】按钮，如图8.2-23所示。

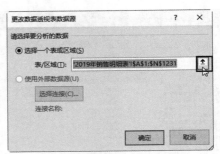

图8.2-23

❸ 弹出【移动数据透视表】对话框，选中单元格区域"$A$1:$N$122"，如图8.2-24所示。

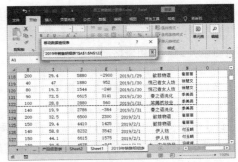

图8.2-24

❹ 单击【移动数据透视表】对话框中的【展开】按钮，返回【移动数据透视表】对话框，如图8.2-25所示。

图8.2-25

❺ 单击【确定】按钮，返回工作表中，即可看到更换数据源后的数据透视表，如图8.2-26所示。

图8.2-26

2. 设置报表布局

系统默认的情况下，数据透视表是以压缩形式显示的。除了压缩形式之外，数据透视表还可以以大纲形式和表格形式显示。

❶ 将以压缩形式显示的数据透视表设置为大纲形式显示可以使每个字段看起来更清晰。切换到【设计】选项卡，单击【布局】组中的【报表布局】按钮，然后在弹出的下拉列表中选择【以大纲形式显示】选项，如图8.2-27所示。

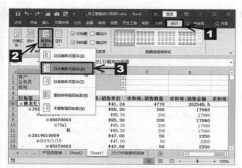

图8.2-27

❷ 可以看到数据透视表以大纲形式显示出来，如图8.2-28所示。

图8.2-28

❸ 将数据透视表设置为表格形式显示，不仅可以使数据透视表看起来更美观，而且使每种产品分别增加了汇总一栏。切换到【设计】选项卡，单击【布局】组中的【报表布局】按钮，然后在弹出的下拉列表中选择【以表格形式显示】选项，如图8.2-29所示。

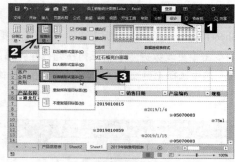

图8.2-29

❹ 可以看到数据透视表以表格形式显示出来，如图8.2-30所示。

图8.2-30

3. 添加和删除空行

❶ 添加空行。切换到【设计】选项卡，在【布局】组中单击【空行】按钮，然后在弹出的下拉列表中选择【在每个项目后插入空行】选项，如图8.2-31所示。

图8.2-31

❷ 可以看到每个项目的后面都插入了一行空行，如图8.2-32所示。

图8.2-32

❸ 删除空行。切换到【设计】选项卡，在【布局】组中单击【空行】按钮，然后在弹出的下拉列表中选择【删除每个项目后的空行】选项，如图8.2-33所示。

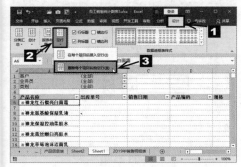

图8.2-33

❹ 可以看到每个项目后的空行已经被删除了，如图8.2-34所示。

图8.2-34

8.2.3 设置数据透视表样式

本实例原始文件和最终效果文件请从网盘下载
原始文件\第8章\员工销售统计图表3
最终效果\第8章\员工销售统计图表3

扫码看视频

系统自带很多数据透视表样式，用户可以从中选择自己喜欢的样式，具体的操作步骤如下。

❶ 切换到【设计】选项卡，此时可以看到系统默认的是【冰蓝，数据透视表样式浅色16】样式，如图8.2-35所示。

图8.2-35

❷ 单击【数据透视表样式】组中的【其他】按钮，在弹出的下拉列表中选择合适的样式即可，如图8.2-36所示。

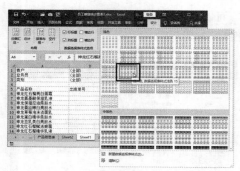

图8.2-36

❸　此时即可看到数据透视表的样式发生了变化，如图8.2-37所示。

图8.2-37

❹　如果想删除刚才设置的数据透视表样式，单击【数据透视表样式】组中的【其他】按钮，然后在弹出的下拉列表中选择【清除】选项即可，如图8.2-38所示。

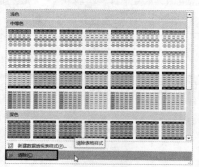

图8.2-38

❺　此时即可看到数据透视表的样式已经被删除了，如图8.2-39所示。

图8.2-39

8.2.4　刷新数据透视表

本实例原始文件和最终效果文件请从网盘下载
原始文件\第8章\员工销售统计图表3
最终效果\第8章\员工销售统计图表3

扫码看视频

　　为了满足工作的需求，用户常常需要更新原工作表中的数据信息，这样就需要刷新数据透视表，才能得到最新的透视数据。用户可以手动刷新数据透视表，也可以设置自动刷新，具体操作步骤如下。

1.　手动刷新

　　"神龙蚕丝嫩白亮肤水"更名为"神龙蚕丝亮白柔肤水"，所以"产品信息表"中的信息需要更新，具体操作步骤如下。

❶　切换到工作表"产品信息表"，按【Ctrl】+【H】组合键，弹出【查找和替换】对话框，系统会自动切换到【替换】选项卡，在【查找内容】文本框中输入"神龙蚕丝嫩白亮肤水"，在【替换为】文本框中输入"神龙蚕丝亮白柔肤水"，如图8.2-40所示。

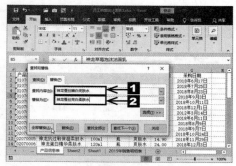

图8.2-40

❷ 单击【全部替换】按钮,随即弹出【Microsoft Excel】对话框,提示替换完成,如图8.2−41所示。

图8.2−41

❸ 单击【确定】按钮,此时工作表中的"神龙蚕丝嫩白亮肤水"就都替换为"神龙蚕丝亮白柔肤水"了,如图8.2−42所示。

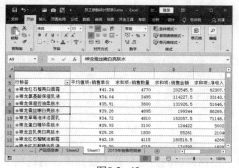

图8.2−42

❹ 切换到工作表"Sheet1",可以看到数据透视表中的数据没有发生变化,如图8.2−43所示。

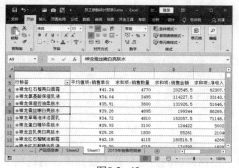

图8.2−43

❺ 将光标定位在数据透视表中任意一个单元格中,切换到【分析】选项卡,在【数据】组中单击【刷新】按钮,在下拉列表中选择【刷新】选项,如图8.2−44所示。

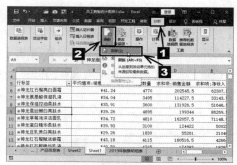

图8.2−44

❻ 此时可以看到"神龙蚕丝嫩白亮肤水"都更新为"神龙蚕丝亮白柔肤水"了,如图8.2−45所示。

图8.2−45

2. 自动刷新

设置自动刷新后,如果原工作表中有更新的数据,重新打开数据透视表时,其中的数据即可随之更新。设置数据透视表自动刷新的具体操作步骤如下。

❶ 切换到【分析】选项卡,然后单击【数据透视表】按钮,在弹出的下拉列表中选择【选项】选项,如图8.2−46所示。

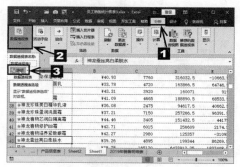

图8.2−46

❷ 弹出【数据透视表选项】对话框,切换到【数据】选项卡,在【数据透视表数据】组合框中勾选【打开文件时刷新数据】复选框,然后单击【确定】按钮,即可完成自动刷新的设置,如图8.2-47所示。

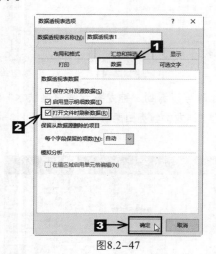

图8.2-47

8.2.5 设置数据透视表选项

| 本实例原始文件和最终效果文件请从网盘下载 |
| 原始文件\第8章\员工销售统计图表3 |
| 最终效果\第8章\员工销售统计图表3 |

扫码看视频

通过数据透视表的选项,用户可以设置数据透视表的布局和格式、汇总和筛选、显示、打印以及数据等各种属性,具体操作步骤如下。

❶ 切换到【分析】选项卡,单击【数据透视表】按钮,在弹出的下拉列表中选择【选项】选项,如图8.2-48所示。

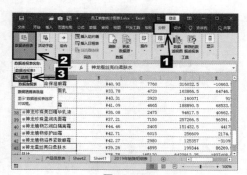

图8.2-48

❷ 弹出【数据透视表选项】对话框,切换到【布局和格式】选项卡,在此选项卡中可以设置数据透视表的布局和格式,如勾选【合并且居中排列带标签的单元格】复选框,如图8.2-49所示。

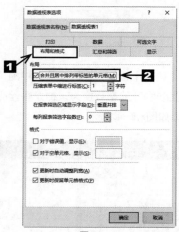

图8.2-49

❸ 单击【确定】按钮,此时可以看到带标签的单元格格式被设置为合并居中状态,如图8.2-50所示。

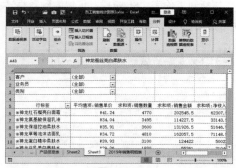

图8.2-50

❹ 使用同样的方法打开【数据透视表选项】对话框,切换到【汇总和筛选】选项卡,用户可以在此选项卡中设置数据透视表的总计和筛选的各种属性,例如取消勾选【显示行总计】复选框,如图8.2-51所示。

图8.2-51

❺ 单击【确定】按钮，此时可以看到行总计已经隐藏起来了，如图8.2-52所示。

图8.2-52

❻ 使用同样的方法打开【数据透视表选项】对话框，切换到【显示】选项卡，用户可以在此选项卡中设置数据透视表显示的各种属性，如图8.2-53所示。

图8.2-53

❼ 切换到【打印】选项卡，用户可以在此选项卡中设置数据透视表打印的各种属性，系统默认勾选【在每一个打印页上重复行标签】复选框，如图8.2-54所示。

图8.2-54

❽ 切换到【数据】选项卡，用户可以在此选项卡中设置数据透视表中数据的各种属性，然后单击【确定】按钮即可，如图8.2-55所示。

图8.2-55

8.2.6 移动数据透视表

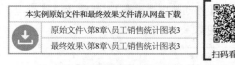

本实例原始文件和最终效果文件请从网盘下载

原始文件\第8章\员工销售统计图表3
最终效果\第8章\员工销售统计图表3

扫码看视频

创建好数据透视表之后，如果对其位置不满意，用户可以根据自己的需要移动数据透视表，具体操作步骤如下。

❶ 切换到【分析】选项卡，在【操作】组中单

击【移动数据透视表】按钮，如图8.2-56所示。

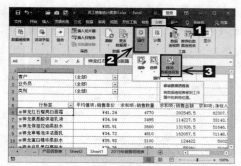

图8.2-56

❷ 弹出【移动数据透视表】对话框，选中【现有工作表】单选钮，然后单击【位置】文本框右侧的【折叠】按钮，如图8.2-57所示。

图8.2-57

❸ 返回数据透视表，选中单元格A4，单击【移动数据透视表】文本框右侧的【展开】按钮，如图8.2-58所示。

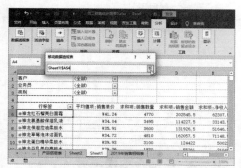

图8.2-58

❹ 返回【移动数据透视表】对话框，单击【确定】按钮，如图8.2-59所示。

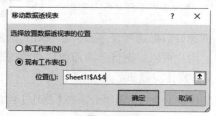

图8.2-59

❺ 再次返回数据透视表，可以看到数据透视表已经被移至选定的位置，如图8.2-60所示。

图8.2-60

❻ 如果要将数据透视表移至新工作表中，则可在【操作】组中单击【移动数据透视表】按钮，然后在弹出的【移动数据透视表】对话框中选中【新工作表】单选钮，如图8.2-61所示。

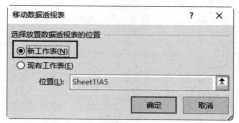

图8.2-61

❼ 单击【确定】按钮，可以看到数据透视表被移动到了新的工作表"Sheet3"中，然后在【数据透视表选项】对话框中做相应的调整，如图8.2-62所示。

图8.2-62

8.2.7 清除数据透视表

用户还可以对数据透视表中的字段、格式和筛选等进行清除。

❶ 选中数据透视表的任意单元格，切换到【分析】选项卡，单击【操作】组中的【清除】按钮，从弹出的下拉菜单中选择【清除筛选】选项，如图8.2-63所示。

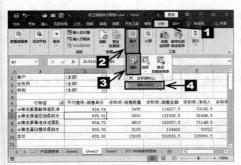

图8.2-63

❷ 此时即可将数据透视表的筛选清除，如图8.2-64所示。

图8.2-64

❸ 单击【操作】组中的【清除】按钮，从弹出的下拉菜单中选择【全部清除】选项，如图8.2-65所示。

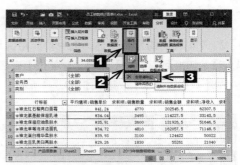

图8.2-65

❹ 此时即可将数据透视表中的数据全部清除，如图8.2-66所示。

图8.2-66

8.3 课堂实训——为差旅费明细表创建数据透视表

下面通过某公司员工的差旅费明细表来学习创建数据透视表的具体方法。

专业背景

数据透视表是自动生成分类汇总表的工具，可以根据原始数据表的数据内容及分类，按任意角度、任意多层次、不同的汇总方式，得到不同的汇总结果。

实训目的

◎ 掌握创建数据透视表

操作思路

❶ 打开本实例的原始文件，选中单元格区域A1:G21，切换到【插入】选项卡，单击【表格】组中的【数据透视表】按钮，如图8.3-1所示。

图8.3-1

❷ 弹出【创建数据透视表】对话框，此时【表/区域】文本框中显示了所选的单元格区域，在【选择放置数据透视表的位置】组合框中单击【新工作表】单选钮，如图8.3-2所示。

图8.3-2

❸ 单击【确定】按钮，系统会自动在新的工作表中创建一个数据透视表的基本框架，并弹出【数据透视表字段】任务窗格，如图8.3-3所示。

图8.3-3

❹ 在【数据透视表字段】任务窗格的【选择要添加到报表的字段】列表框中选择要添加的字段，例如勾选【姓名】复选框，【姓名】字段就会自动添加到【行】列表框中，如图8.3-4所示。

图8.3-4

❺ 使用同样的方法，勾选【出差月份】复选框，单击鼠标右键，在弹出的快捷菜单中单击【添加到报表筛选】菜单项，如图8.3-5所示。

图8.3-5

❻ 此时即可将【出差月份】字段添加到【筛选】列表框中，如图8.3-6所示。

图8.3-6

❼ 勾选【交通费】【电话费】【餐费补贴】【住宿费】和【总额】复选框，可以将【交通费】【电话费】【餐费补贴】【住宿费】和【总额】字段添加到【值】列表框中，如图8.3-7所示。

图8.3-7

❽ 单击【数据透视表字段】任务窗格右上角的【关闭】按钮，关闭【数据透视表字段】任务窗格，设置效果如图8.3-8所示。

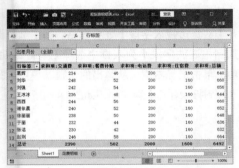

图8.3-8

❾ 选中数据透视表，切换到【数据透视表工具】栏中的【设计】选项卡，单击【数据透视表样式】组中的【其他】按钮，从弹出的下拉列表中选择【白色，数据透视表样式中等深浅4】选项，如图8.3-9所示。

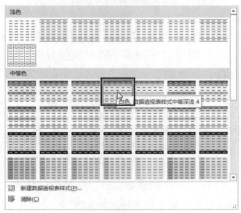

图8.3-9

❿ 单击【数据透视表字段】任务窗格右上角的【关闭】按钮，关闭【数据透视表字段】任务窗格，设置效果如图8.3-10所示。

图8.3-10

8.4 创建数据透视图

创建完数据透视表后，用户还可以创建数据透视图，使用数据透视图可以在数据透视表中显示该汇总数据，可以方便地查看比较、模式和趋势。

8.4.1 利用数据源创建

用户可以利用数据源直接创建数据透视图，创建时可以根据需要随时调整分析数据，具体操作步骤如下。

本实例原始文件和最终效果文件请从网盘下载
原始文件\第8章\销售数据分析.xlsx
最终效果\第8章\销售数据分析.xlsx

扫码看视频

❶ 打开本实例的原始文件，切换到工作表"1月销售数据"，选中单元格区域A1:F32，切换到【插入】选项卡，单击【数据透视图】按钮的下半部分按钮，然后从弹出的下拉列表中选择【数据透视图】选项，如图8.4-1所示。

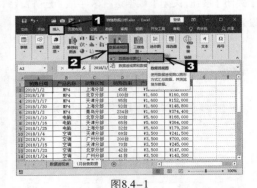

图8.4-1

❷ 弹出【创建数据透视图】对话框，然后选中【新工作表】单选钮，如图8.4-2所示。

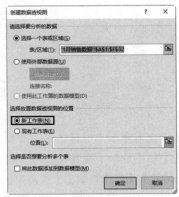

图8.4-2

❸ 选择完毕，单击【确定】按钮，此时即可在新的工作表中创建一个空的数据透视图，如图8.4-3所示。

图8.4-3

❹ 在创建数据透视图的过程中，系统会自动地打开【数据透视表字段】任务窗格。在【选择要添加到报表的字段】列表框中选择【销售日期】选项，单击鼠标右键，从弹出的快捷菜单中选择【添加到报表筛选】菜单项，如图8.4-4所示。

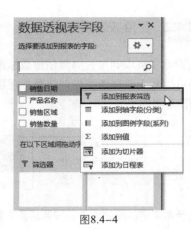

图8.4-4

❺ 此时即可将字段【销售日期】添加到数据透视图的页字段区域中，如图8.4-5所示。

图8.4-5

❻ 在【选择要添加到报表的字段】列表框中选择【产品名称】选项，单击鼠标右键，然后从弹出的快捷菜单中选择【添加到轴字段（分类）】菜单项，如图8.4-6所示。

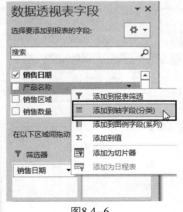

图8.4-6

❼ 此时即可将字段【产品名称】添加到数据透视图的分类轴上，如图8.4-7所示。

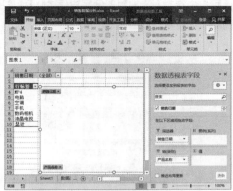

图8.4-7

❽ 在【选择要添加到报表的字段】列表框中选择【销售数量】选项，单击鼠标右键，从弹出的快捷菜单中选择【添加到值】菜单项，如图8.4-8所示。

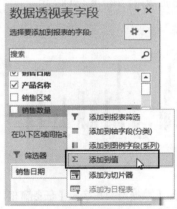

图8.4-8

❾ 此时即可将选中的字段显示在数据透视图的值字段区域中，如图8.4-9所示。

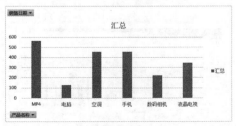

图8.4-9

⑩ 选中【选择要添加到报表的字段】列表框中的【销售区域】选项，单击鼠标右键，从弹出的快捷菜单中选择【添加到图例字段(系列)】菜单项，如图8.4-10所示。

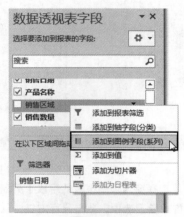

图8.4-10

⑪ 此时即可将选中的字段显示在数据透视图的图例字段区域中，如图8.4-11所示。

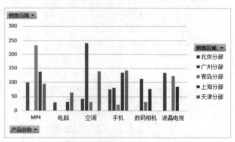

图8.4-11

⑫ 关闭【数据透视图字段】任务窗格，效果如图8.4-12所示。

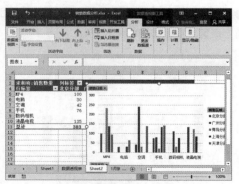

图8.4-12

8.4.2 利用数据透视表创建

用户除了可以利用数据源创建数据透视图外，还可以利用数据透视表创建数据透视图，具体操作步骤如下。

本实例原始文件和最终效果文件请从网盘下载
原始文件\第8章\销售数据分析1.xlsx
最终效果\第8章\销售数据分析1.xlsx

扫码看视频

❶ 打开本实例的原始文件，按照前面介绍的方法在工作表"数据透视表"中创建一个新的数据透视表，如图8.4-13所示。

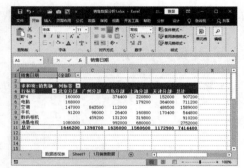

图8.4-13

❷ 在【数据透视工具】栏中，切换到【分析】选项卡，单击【工具】中的【数据透视图】按钮，如图8.4-14所示。

图8.4-14

❸ 弹出【插入图表】对话框，选择【柱形图】选项，从中选择要插入的数据透视图的类型，例如选择【簇状柱形图】选项，如图8.4-15所示。

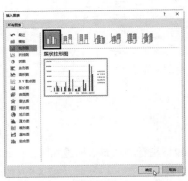

图8.4-15

❹ 选择完毕，单击【确定】按钮，此时即可在工作表中插入一个簇状柱形图，如图8.4-16所示。

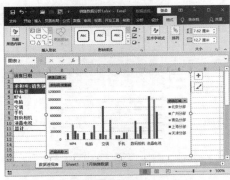

图8.4-16

8.5　编辑数据透视图

在工作表中插入了数据透视图之后，用户可以对其进行编辑操作，或者设置数据透视图的格式，以使其看起来更加清晰和美观。

8.5.1　设计数据透视图

设计数据透视图的操作主要包括更改图表类型，调整图表大小和位置等。

本实例原始文件和最终效果文件请从网盘下载

原始文件\第8章\销售数据分析2.xlsx
最终效果\第8章\销售数据分析2.xlsx

扫码看视频

1. 更改图表类型

❶ 打开本实例的原始文件，切换到工作表"数据透视表"，选中数据透视图，在【数据透视图工具】栏中，切换到【设计】选项卡，然后单击【类型】组中的【更改图表类型】按钮，如图8.5-1所示。

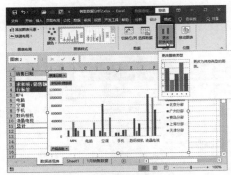

图8.5-1

❷ 弹出【更改图表类型】对话框，切换到【条形图】选项，从中选择合适的图表类型，例如选择【簇状条形图】选项，如图8.5-2所示。

图8.5-2

❸ 选择完毕,单击【确定】按钮,效果如图8.5-3
所示。

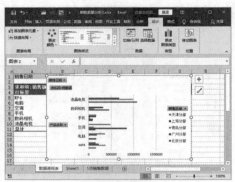

图8.5-3

2. 调整图表大小和位置

用户还可以根据自己的实际需要调整数据
透视图的大小和位置,具体操作步骤如下。

❶ 将鼠标指针移动到数据透视图边框的右下
角,此时鼠标指针变成双向箭头形状,如图8.5-4
所示。

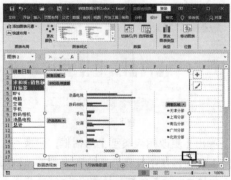

图8.5-4

❷ 按住鼠标左键不放,将鼠标指针向右下角拖
动,拖曳到合适的位置后释放鼠标即可,如图8.5-5
所示。

图8.5-5

❸ 将鼠标指针移动到数据透视图上,此时鼠标
指针变成双向十字箭头形状,如图8.5-6所示。

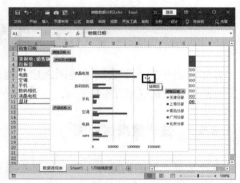

图8.5-6

❹ 按住鼠标左键不放,将透视图拖动到合适的
位置后释放鼠标即可,如图8.5-7所示。

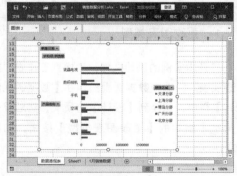

图8.5-7

8.5.2 设置数据透视图格式

为了使数据透视图看起来更加美观，用户需要设置其格式。设置数据透视图格式的基本操作主要包括设置图表标题格式、设置图表区格式、设置绘图区格式以及设置图例格式。

本实例原始文件和最终效果文件请从网盘下载
原始文件\第8章\销售数据分析3.xlsx
最终效果\第8章\销售数据分析3.xlsx
扫码看视频

1. 设置图表标题格式

❶ 打开本实例的原始文件，切换到【设计】选项卡，单击【图表布局】组中的按钮，从弹出的下拉列表中选择【图表标题】→【图表上方】选项，如图8.5-8所示。

图8.5-8

❷ 此时在图表上方添加一个图表标题文本框，输入"产品销售分析表"，如图8.5-9所示。

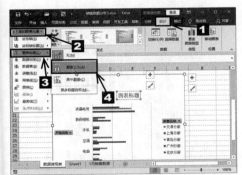

图8.5-9

❸ 选择图表标题文本框中的文本，单击鼠标右键，从弹出的快捷菜单中选择【字体】菜单项，如图8.5-10所示。

图8.5-10

❹ 弹出【字体】对话框，切换到【字体】选项卡，从【中文字体】下拉列表中选择【微软雅黑】选项，在【大小】微调框中输入"20"，然后从【字体颜色】下拉列表中选择【蓝色】选项，如图8.5-11所示。

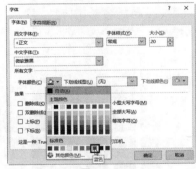

图8.5-11

❺ 设置完毕，单击【确定】按钮即可，如图8.5-12所示。

图8.5-12

❻ 在图表标题文本框上单击鼠标右键，从弹出的快捷菜单中选择【设置图表标题格式】菜单项，如图8.5-13所示。

图8.5-13

❼ 弹出【设置图表标题格式】任务窗格，切换到【填充】选项卡，选中【渐变填充】单选钮，然后从【预设渐变】下拉列表中选择【浅色渐变-个性色5】选项，如图8.5-14所示。

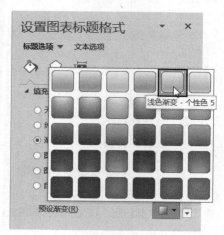

图8.5-14

❽ 从【类型】下拉列表中选择【矩形】选项，从【方向】下拉列表中选择【从左上角】选项，然后通过拖动滑块调整渐变光圈，如图8.5-15所示。

图8.5-15

❾ 切换到【边框】选项卡，选中【实线】单选钮，从【颜色】下拉列表中选择【蓝色】选项，如图8.5-16所示。

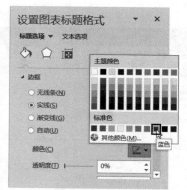

图8.5-16

❿ 在【宽度】微调框中输入"1磅"，如图8.5-17所示。

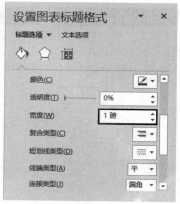

图8.5-17

⓫ 设置完毕，单击【关闭】按钮，设置效果如图8.5-18所示。

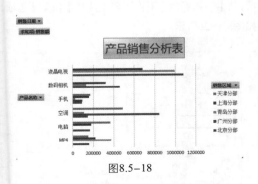

图8.5-18

2. 设置图表区格式

设置图表区格式的具体操作步骤如下。

❶ 选择图表区，单击鼠标右键，从弹出的快捷菜单中选择【设置图表区域格式】菜单项，如图8.5-19所示。

图8.5-19

❷ 弹出【设置图表区格式】任务窗格，切换到【填充】选项卡，选中【渐变填充】单选钮，从【预设渐变】下拉列表中选择【浅色渐变-个性色 5】选项，如图8.5-20所示。

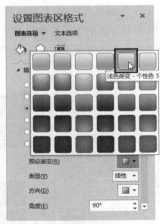

图8.5-20

❸ 设置完毕，单击【关闭】按钮即可，设置效果如图8.5-21所示。

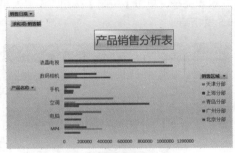

图8.5-21

3. 设置绘图区格式

设置绘图区格式的具体操作步骤如下。

❶ 选择绘图区，单击鼠标右键，从弹出的快捷菜单中选择【设置绘图区格式】菜单项，如图8.5-22所示。

图8.5-22

从零开始 ┃ Excel 2016办公应用基础教程

❷ 弹出【设置绘图区格式】对话框，切换到
【填充】选项卡，选中【图片或纹理填充】单选
钮，从【纹理】下拉列表中选择【水滴】选项，
如图8.5-23所示。

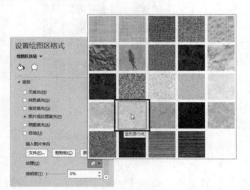

图8.5-23

❸ 设置完毕，单击【关闭】按钮，设置效果如
图8.5-24所示。

图8.5-24

4. 设置图例格式

设置图例格式的具体操作步骤如下。

❶ 选择图例，单击鼠标右键，从弹出的快捷菜
单中选择【字体】菜单项，如图8.5-25所示。

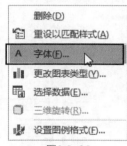

图8.5-25

❷ 弹出【字体】对话框，切换到【字体】选项
卡，从【中文字体】下拉列表中选择【黑体】选
项，从【字体颜色】下拉列表中选择【深蓝】选项，
如图8.5-26所示。

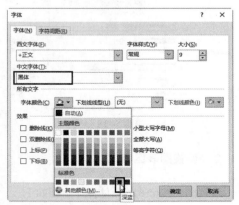

图8.5-26

❸ 设置完毕，单击【确定】按钮即可，设置效
果如图8.5-27所示。

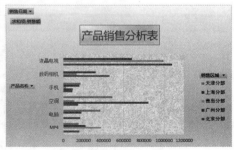

图8.5-27

❹ 选择图例，单击鼠标右键，从弹出的快捷菜
单中选择【设置图例格式】菜单项，如图8.5-28
所示。

图8.5-28

❺ 弹出【设置图例格式】任务窗格,切换到【图例选项】选项卡,在【图例位置】组合框中选中【靠下】单选钮,如图8.5-29所示。

图8.5-29

❻ 设置完毕,单击【关闭】按钮,设置效果如图8.5-30所示。

图8.5-30

8.6 课堂实训——为差旅费明细表创建数据透视图

下面通过某公司员工的差旅费明细表来学习创建数据透视图的具体方法。

专业背景

通过数据透视图,可以轻松了解每个员工的差旅费用明细情况。

实训目的

◎ 掌握创建数据透视图的方法

操作思路

❶ 打开本实例的原始文件,切换到工作表"花费明细"中,选中单元格区域A1:G21,切换到【插入】选项卡,单击【图表】组中的【数据透视图】按钮的下半部分按钮,从弹出的下拉列表中选择【数据透视图】选项,如图8.6-1所示。

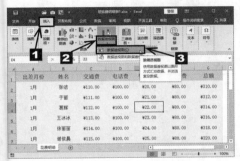

图8.6-1

本实例原始文件和最终效果文件请从网盘下载

原始文件\第8章\差旅费明细表1

最终效果\第8章\差旅费明细表1

扫码看视频

❷ 弹出【创建数据透视图】对话框,此时【表/区域】文本框中显示了所选的单元格区域,在【选择放置数据透视图的位置】组合框中选中【新工作表】单选钮,如图8.6-2所示。

图8.6-2

❸ 设置完毕,单击【确定】按钮即可。此时,系统会自动在新的工作表"Sheet1"中创建一个数据透视表和数据透视图的基本框架,并弹出【数据透视图字段】任务窗格,如图8.6-3所示。

图8.6-3

❹ 在【数据透视图字段】任务窗格中选择要添加的字段，如勾选【姓名】和【交通费】复选框，此时【姓名】字段会自动添加到【轴（类别）】列表框中，【交通费】字段会自动添加到【值】列表框中，如图8.6-4所示。

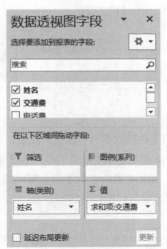

图8.6-4

❺ 单击【数据透视图字段】任务窗格右上角的【关闭】按钮，关闭【数据透视图字段】任务窗格，此时即可生成数据透视表和数据透视图，如图8.6-5所示。

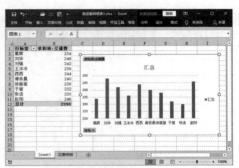

图8.6-5

❻ 在数据透视图中输入图表标题"差旅费明细分析图"，如图8.6-6所示。

图8.6-6

❼ 对图表标题、图表区、绘图区以及数据系列进行格式设置，效果如图8.6-7所示。

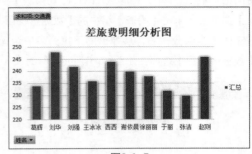

图8.6-7

8.7　常见疑难问题解析

问：怎样隐藏单个字段按钮或隐藏全部字段按钮？

答：（1）隐藏单个字段按钮。选中图表，切换到【分析】选项卡，在【显示/隐藏】组中单击【字段】按钮，从弹出的下拉菜单中取消勾选【显示报表筛选字段按钮】选项。（2）隐藏全部字段按钮。切换到【分析】选项卡，单击【显示/隐藏】组中的【字段】按钮，从弹出的下拉菜单中选择【全部隐藏】选项，即可将数据透视图中的字段按钮全部隐藏起来。

8.8　课后习题

（1）下图是服装和电子产品的花费明细，如图8.8-1所示，根据"花费明细"表中的数据来创建一个数据透视表，如图8.8-2所示。

（2）根据创建的数据透视表来制作数据透视图，如图8.8-3所示。

扫码看视频

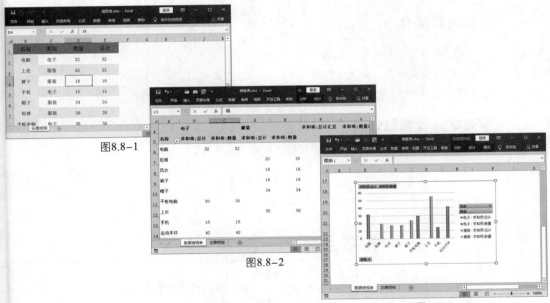

图8.8-1

图8.8-2

图8.8-3

第 9 章
数据模拟分析

本章内容简介

Excel 2016 提供了强大的数据分析功能，可以对多个工作表中的数据进行合并计算，可以使用单变量求解寻求公式中的特定解，还可以使用模拟运算表和规划求解寻求最优解，最后将产生不同结果的数据值集合保存为一个方案，并对方案进行分析。

学完本章我能做什么

通过本章的学习，可以熟练掌握数据的模拟运算等。

学习目标

▶ 合并计算与单变量求解

▶ 模拟运算表

▶ 规划求解

9.1 合并计算与单变量求解

使用Excel 2016提供的合并计算功能，可以对多个工作表中的数据进行计算汇总，而使用单变量求解可以寻求公式中的特定解。

9.1.1 合并计算

合并计算功能通常用于对多个工作表中的数据进行计算汇总，并将多个工作表中的数据合并到一个工作表中。合并计算分为按分类合并计算和按位置合并计算两种。

> 本实例原始文件和最终效果文件请从网盘下载
> 原始文件\第9章\产销预算分析表01.xlsx
> 最终效果\第9章\产销预算分析表02.xlsx
>
> 扫码看视频

1. 按分类合并计算

❶ 打开本实例的原始文件，切换到工作表"生产1部产量"，选中单元格区域C4:H7，切换到【公式】选项卡，单击【定义的名称】按钮，在弹出的下拉列表中选择【定义名称】选项，如图9.1-1所示。

图9.1-1

❷ 弹出【新建名称】对话框，在【名称】文本框中输入"生产1部产量"，如图9.1-2所示。

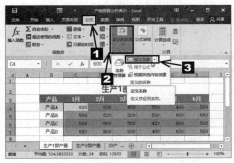

图9.1-2

❸ 单击【确定】按钮，返回工作表，切换到工作表"生产2部产量"，选中单元格C4，切换到【公式】选项卡，单击【定义的名称】按钮，从弹出的下拉列表中选择【定义名称】选项，如图9.1-3所示。

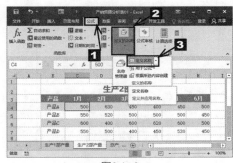

图9.1-3

❹ 弹出【新建名称】对话框，在【名称】文本框中输入"生产2部产量"，如图9.1-4所示。

图9.1-4

❺ 单击【引用位置】右侧的【折叠】按钮，弹出【新建名称-引用位置：】对话框，在工作表"生产2部产量"中选择引用区域，例如选中单元格区域C4:H7，如图9.1-5所示。

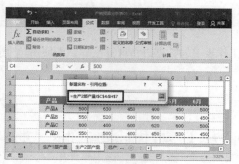

图9.1-5

❻ 单击文本框右侧的【折叠】按钮，返回【新建名称】对话框，单击【确定】按钮即可，如图9.1-6所示。

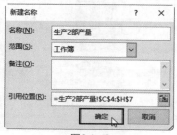

图9.1-6

❼ 切换到工作表"总产量"，选中单元格C4，切换到【数据】选项卡，单击【数据工具】组中的【合并计算】按钮，如图9.1-7所示。

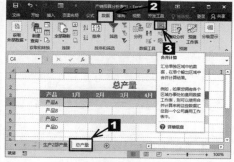

图9.1-7

❽ 弹出【合并计算】对话框，在【引用位置】文本框中输入之前定义的名称"生产1部产量"，单击【添加】按钮，如图9.1-8所示。

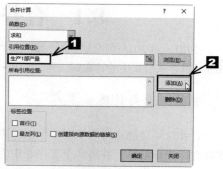

图9.1-8

❾ 可以将"生产1部产量"添加到【所有引用位置】列表框中，如图9.1-9所示。

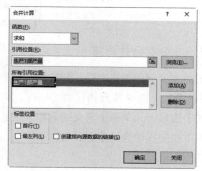

图9.1-9

❿ 使用同样的方法，在【引用位置】文本框中输入之前定义的名称"生产2部产量"，然后单击【添加】按钮，将其添加到【所有引用位置】列表框中，如图9.1-10所示。

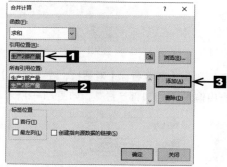

图9.1-10

⑪ 设置完毕，单击【确定】按钮，返回工作表可以看到合并计算的结果，如图9.1-11所示。

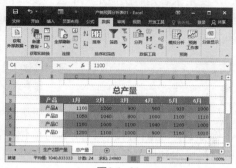

图9.1-11

2. 按位置合并计算

❶ 首先要清除之前的计算结果和引用位置。切换到工作表"总产量"，选中单元格区域C4:H7，切换到【开始】选项卡，单击【编辑】下拉菜单中的 清除 按钮，在弹出的下拉列表中选择【清除内容】选项，如图9.1-12所示。

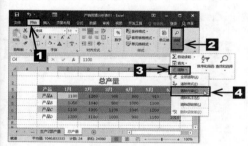

图9.1-12

❷ 此时，选中区域中的内容就被清除了。切换到【数据】选项卡，单击【数据工具】组中的【合并计算】按钮，如图9.1-13所示。

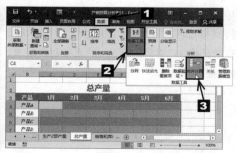

图9.1-13

❸ 弹出【合并计算】对话框，在【所有引用位置】列表框中选择【生产1部产量】选项，然后单击 删除(D) 按钮，如图9.1-14所示。

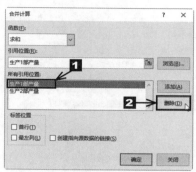

图9.1-14

❹ 可以删除"生产1部产量"选项，使用同样的方法将【所有引用位置】列表框中的所有选项删除，如图9.1-15所示。

图9.1-15

❺ 单击【引用位置】右侧的【折叠】按钮，弹出【合并计算-引用位置:】对话框，在工作表"生产1部产量"中选中单元格区域C4:H7，如图9.1-16所示。

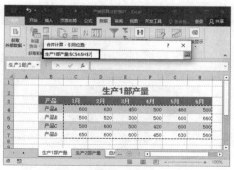

图9.1-16

❻ 单击文本框右侧的【展开】按钮，返回【合并计算】对话框，单击 添加(A) 按钮，即可将其添加到【所有引用位置】列表框中，如图9.1-17所示。

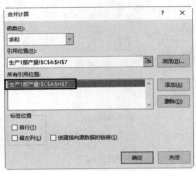

图9.1-17

❼ 使用同样的方法设置引用位置"生产2部产量!$C$4:$H$7"，并将其添加到【所有引用位置】列表框中，如图9.1-18所示。

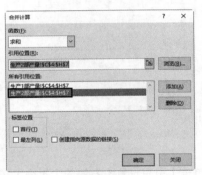

图9.1-18

❽ 设置完毕，单击【确定】按钮，返回工作表即可看到合并计算的结果，如图9.1-19所示。

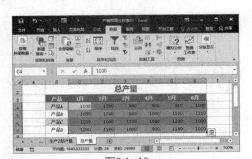

图9.1-19

9.1.2 单变量求解

单变量求解是解决假定一个公式要取得某一结果值，其中变量的引用单元格应取值为多少的问题。

本实例原始文件和最终效果文件请从网盘下载

原始文件\第9章\产销预算分析表02.xlsx
最终效果\第9章\产销预算分析表03.xlsx

扫码看视频

例如，产品的直接材料成本与单位产品直接材料成本和生产量有关，现企业为生产产品，准备了30万元的成本费用，要求在单位产品直接材料成本不变的情况下，最多可生产多少产品。

使用单变量求解进行计算的具体步骤如下。

❶ 打开本实例的原始文件，切换到工作表"总产量"，选中单元格G12，输入公式"=G10*G11"，然后单击名称框中的【输入】按钮✔，如图9.1-20所示。

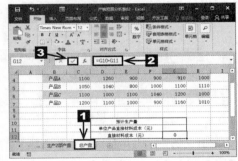

图9.1-20

❷ 例如在单元格G10中输入6月份产品A的产量"1000"，在单元格G11中输入产品A的单位产品直接材料成本"120"，然后按【Enter】键，即可在单元格G12中得到产品A的直接材料成本，如图9.1-21所示。

图9.1-21

❸ 假设30万元的成本费用都用来生产产品A，求解最多可生产多少产品A。选中单元格G12，切换到【数据】选项卡，在【预测】组中单击【模拟分析】按钮，从弹出的下拉列表中选择【单变量求解】选项，如图9.1-22所示。

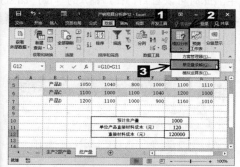

图9.1-22

❹ 弹出【单变量求解】对话框，当前选中的单元格G12显示在【目标单元格】文本框中，如图9.1-23所示。

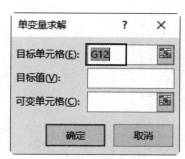

图9.1-23

❺ 在【目标值】文本框中输入"300000"，如图9.1-24所示，将光标定位在【可变单元格】文本框中。

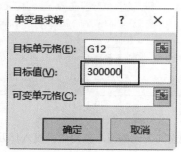

图9.1-24

❻ 在工作表中单击单元格G10，如图9.1-25所示，即可将其添加到【可变单元格】文本框中。

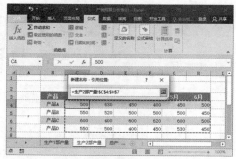

图9.1-25

❼ 单击【确定】按钮，弹出【单变量求解状态】对话框，显示出求解结果，如图9.1-26所示。

图9.1-26

❽ 单击【确定】按钮，将求解结果保存在工作表中。此时可以看到，在产品A的单位产品直接材料成本不变的情况下，30万元的成本费用最多能生产2500个产品A，如图9.1-27所示。

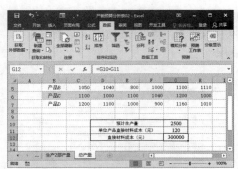

图9.1-27

❾ 假设30万元的成本费用中只投入15万元用来生产产品A，求解最多可生产多少产品A。在【预测】组中单击【模拟分析】按钮，从弹出的下拉列表中选择【单变量求解】选项，如图9.1-28所示。

图9.1-28

❿ 弹出【单变量求解】对话框，分别设置【目标单元格】和【可变单元格】，在【目标值】文本框中输入"150000"，如图9.1-29所示。

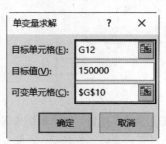

图9.1-29

⓫ 单击【确定】按钮，弹出【单变量求解状态】对话框，显示出求解结果，如图9.1-30所示。

图9.1-30

⓬ 单击【确定】按钮，将求解结果保存在工作表中。此时可以看到，在产品A的单位产品直接材料成本不变的情况下，15万元的成本费用最多能生产1250个产品A，如图9.1-31所示。

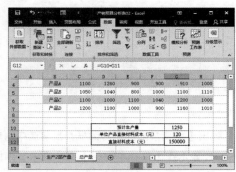

图9.1-31

9.2 模拟运算表

模拟运算表分为单变量模拟运算表和双变量模拟运算表两种。使用模拟运算表可以同时求解一个运算过程中所有可能的变化值，并将不同的计算结果显示在相应的单元格中。

9.2.1 单变量模拟运算表

单变量模拟运算表是指公式中有一个变量值，可以查看一个变量对一个或多个公式的影响。

本实例原始文件和最终效果文件请从网盘下载

| 原始文件\第9章\产销预算分析表03.xlsx |
| 最终效果\第9章\产销预算分析表04.xlsx |

扫码看视频

例如，企业为生产产品准备了15万元的成本费用，不同产品的单位产品直接材料成本不同，要求如果15万元只用于生产一种产品，最多可以生产多少产品。

❶ 打开本实例的原始文件，切换到工作表"总产量"，选中单元格G15，输入公式"=INT(150000/G11)"，单击【输入】按钮✔即可，如图9.2-1所示。

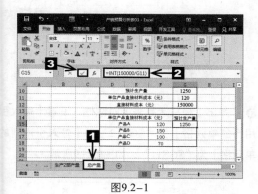

图9.2-1

❷ 选中单元格区域F15:G18，切换到【数据】选项卡，在【预测】组中单击【模拟分析】按钮，从弹出的下拉列表中选择【模拟运算表】选项，如图9.2-2所示。

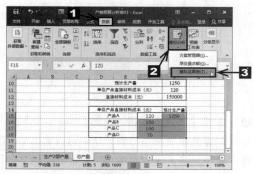

图9.2-2

❸ 弹出【模拟运算表】对话框，单击【输入引用列的单元格】文本框右侧的【折叠】按钮，如图9.2-3所示。

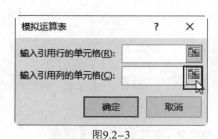

图9.2-3

❹ 弹出【模拟运算表-输入引用列的单元格】对话框，选中单元格G11，如图9.2-4所示。

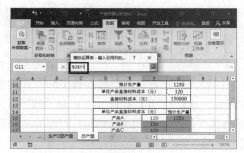

图9.2-4

❺ 单击文本框右侧的【展开】按钮，返回【模拟运算表】对话框，此时选中的单元格出现在【输入引用列的单元格】文本框中，如图9.2-5所示。

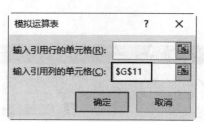

图9.2-5

❻ 单击【确定】按钮，返回工作表，此时即可看到创建的单变量模拟表，从中可以看出单个变量"单位产品直接材料成本"对计算结果"预计生产量"的影响，如图9.2-6所示。

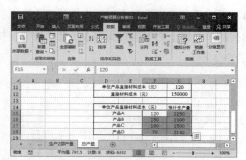

图9.2-6

9.2.2 双变量模拟运算表

利用双变量模拟运算表可以查看两个变量对公式的影响。

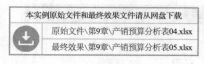

本实例原始文件和最终效果文件请从网盘下载
原始文件\第9章\产销预算分析表04.xlsx
最终效果\第9章\产销预算分析表05.xlsx

扫码看视频

例如，企业为生产产品准备了50万元的成本费用，分成5万元、10万元、15万元和20万元4部分用于生产，不同产品的单位产品直接材料成本不同，要求计算产品的预计生产量。

❶ 打开本实例的原始文件，切换到工作表"总产量"，选中单元格D21，输入公式"=INT(G12/G11)"，如图9.2-7所示。

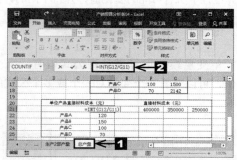

图9.2-7

❷ 选中单元格区域D21:H25，切换到【数据】选项卡，在【预测】组中单击【模拟分析】按钮，从弹出的下拉列表中选择【模拟运算表】选项，如图9.2-8所示。

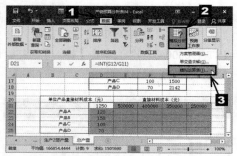

图9.2-8

❸ 弹出【模拟运算表】对话框，设置【输入引用行的单元格】为"$G$12"，【输入引用列的单元格】为"$G$11"，如图9.2-9所示。

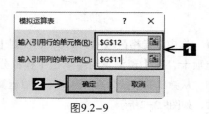

图9.2-9

❹　单击【确定】按钮，返回工作表，即可看
到创建的双变量模拟运算表，从中可以看出两
个变量"单位产品直接材料成本"和"直接材料
成本"对计算结果"预计生产量"的影响，如图
9.2-10所示。

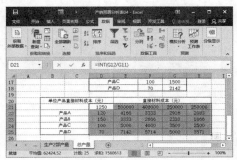

图9.2-10

9.2.3　清除模拟运算表

清除模拟运算表分为两种情况，一种是清
除模拟运算表的计算结果，另一种是清除整个
模拟运算表。

1.　清除模拟运算表的计算结果

模拟运算表的计算结果是存放在一个单元
格区域中的，用户不可以对单个计算结果进行
操作，因此清除模拟运算表的计算结果需要将
所有的计算结果都清除。

❶　打开本实例的原始文件，切换到工作表"总
产量"中，选中模拟运算表的任意一个计算结
果，例如选中单元格E22，按【Delete】键，随即
弹出【Microsoft Excel】对话框，提示用户"无法
只更改模拟运算表的一部分"，单击【确定】按
钮即可，如图9.2-11所示。

图9.2-11

❷　选中模拟运算表的所有计算结果所在的单
元格区域E22:H25，切换到【开始】选项卡，在
【编辑】组中单击【清除】按钮，从弹出的下
拉列表中选择【清除内容】选项，如图9.2-12
所示。

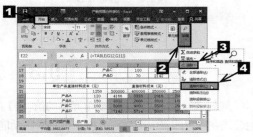

图9.2-12

❸　随即清除模拟运算表的计算结果。值得注意
的是，此时模拟运算表中的单元格区域仍然保留
原有格式，如图9.2-13所示。

图9.2-13

2.　清除整个模拟运算表

除清除模拟运算表的计算结果外，还可以
清除整个模拟运算表。具体的操作步骤如下。

❶ 打开本实例的原始文件，切换到"总产量"工作表，选中整个模拟运算表所在的单元格区域B20:H25，在【开始】选项卡的【编辑】组中单击【清除】按钮，从弹出的下拉列表中选择【全部清除】选项，如图9.2-14所示。

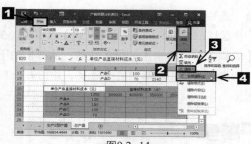

图9.2-14

❷ 随即清除整个模拟运算表，包括清除其中的所有内容和格式，如图9.2-15所示。

图9.2-15

9.3 规划求解

规划求解是通过改变可变单元格的值，为工作表中目标单元格中的公式找到最优解，同时满足其他公式在设置的极限范围内。使用规划求解功能可以对多个变量的线性和非线性问题寻求最优解。

9.3.1 安装规划求解

规划求解是一个插件，在使用前需要进行安装。

本实例原始文件和最终效果文件请从网盘下载
原始文件\第9章\产销预算分析表06.xlsx
最终效果\第9章\产销预算分析表07.xlsx

扫码看视频

❶ 打开本实例的原始文件，在Excel工作窗口中单击 文件 按钮，从弹出的下拉菜单中选择【选项】选项，如图9.3-1所示。

图9.3-1

❷ 弹出【Excel 选项】对话框，切换到【加载项】选项卡中，在【加载项】列表框中选择【规划求解加载项】选项，如图9.3-2所示。

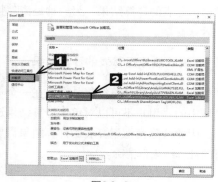

图9.3-2

❸ 单击 转到(G)... 按钮，弹出【加载宏】对话框，在【可用加载宏】列表框中勾选【规划求解加载项】复选框，如图9.3-3所示。

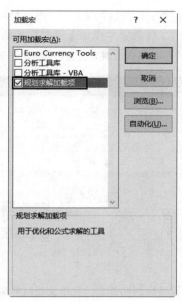

图9.3-3

❹ 单击【确定】按钮即可安装规划求解。此时在【数据】选项卡中新增了一个【分析】组，组中添加了 规划求解 按钮，如图9.3-4所示。

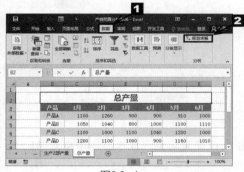

图9.3-4

9.3.2 使用规划求解

安装完成规划求解之后，接下来就可以使用规划求解来分析数据了。

本实例原始文件和最终效果文件请从网盘下载
原始文件\第9章\产销预算分析表07.xlsx
最终效果\第9章\产销预算分析表08.xlsx
扫码看视频

假设7月企业要生产4种产品，各产品的单位成本、毛利和生产时间如下表所示。

产品	单位成本	毛利	生产时间
产品A	120 元	40 元	0.15 小时
产品B	150 元	30 元	0.2 小时
产品C	100 元	50 元	0.15 小时
产品D	70 元	30 元	0.1 小时

另外，企业规定，花费的生产费用不得超过50万元，可耗费的生产时间不得超过600小时。各产品的产量和期初库存量的总和不得低于预计销量，各产品的最高产量不得超过预计销量的10%，那么企业如何安排生产才能获得最大利润？

下面利用规划求解功能来解决这个问题，具体的操作步骤如下。

❶ 打开本实例的原始文件，"销售和库存统计"工作表中添加了各产品1月到7月的销量（7月的销量是预计销量）和期初库存，如图9.3-5所示。

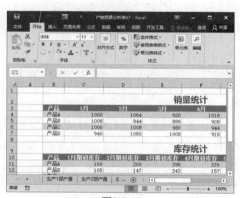

图9.3-5

❷ 切换到工作表"产销预算"，在单元格F4中输入公式"=销售和库存统计!I4-销售和库存统计!I11"，然后单击名称框的【输入】按钮✔，即可计算出最低产量，如图9.3-6所示。

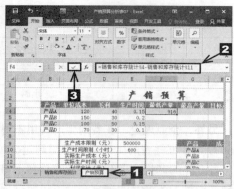

图9.3-6

❸ 在单元格G4中输入公式"=销售和库存统计!I4*(1+10%)",然后单击名称框的【输入】按钮✔,即可计算出最高产量,如图9.3-7所示。

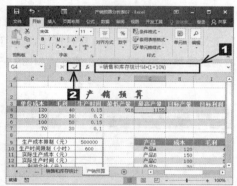

图9.3-7

❹ 选中单元格区域F4:G4,将鼠标指针移动至单元格区域的右下角,按住鼠标左键不放,将鼠标指针向下拖动到单元格G7中,释放鼠标,如图9.3-8所示。

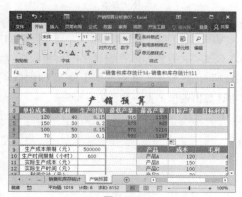

图9.3-8

❺ 单击单元格区域F4:G7右下角的按钮,在弹出的下拉菜单中选中【不带格式填充】选项,即可不带格式地填充公式,如图9.3-9所示。

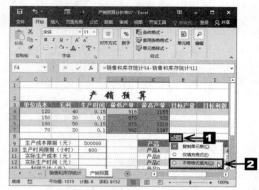

图9.3-9

❻ 设置目标利润公式。在单元格I4中输入公式"=D4*H4",然后按照前面介绍的方法不带格式地向下填充公式,如图9.3-10所示。

图9.3-10

❼ 计算实际生产成本。选中单元格E11,输入公式"=C4*H4+C5*H5+C6*H6+C7*H7",单击名称框的【输入】按钮✔即可,如图9.3-11所示。

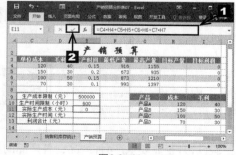

图9.3-11

❽ 计算实际生产时间。选中单元格E12，输入公式"=E4*H4+E5*H5+E6*H6+E7*H7"，单击名称框的【输入】按钮✔即可，如图9.3-12所示。

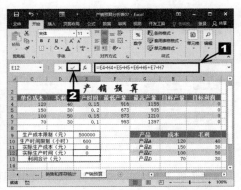

图9.3-12

❾ 计算利润合计。选中单元格E13，输入公式"=I4+I5+I6+I7"，如图9.3-13所示。

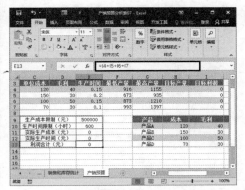

图9.3-13

❿ 切换到【数据】选项卡，在【分析】组中单击 规划求解 按钮，如图9.3-14所示。

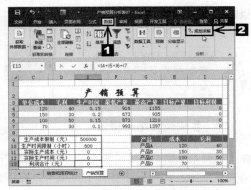

图9.3-14

⓫ 弹出【规划求解参数】对话框，设置【设置目标】为单元格"$E$13"，选中【最大值】单选钮，设置【通过更改可变单元格】为单元格区域"$H$4:$H$7"，如图9.3-15所示。

图9.3-15

⓬ 单击【添加】按钮，弹出【添加约束】对话框，在【单元格引用】文本框中输入"$H$4"，从下拉列表中选择【>=】选项，在【约束】文本框中输入"=$F$4"，如图9.3-16所示。

图9.3-16

⓭ 单击【确定】按钮，即可添加该约束条件并返回【规划求解参数】对话框，此时在【遵守约束】列表框中可以看到添加的约束条件，如图9.3-17所示。

图9.3-17

⓮ 如果约束条件不只一个，则可以单击【添加】按钮，弹出【添加约束】对话框，继续添加约束条件，如图9.3-18所示。

图9.3-18

⓯ 单击【添加】按钮，即可添加该约束条件，并弹出一个空白【添加约束】对话框，可以继续添加下一个约束条件，如图9.3-19所示。

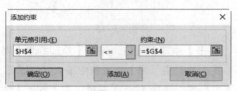

图9.3-19

⓰ 按照同样方法继续设置其他约束条件。设置完最后一个约束条件后，单击【确定】按钮，返回【规划求解参数】对话框，从【选择求解方法】下拉列表中选择求解的方法，这里选择【单纯线性规划】选项，如图9.3-20所示。

图9.3-20

⓱ 单击 求解(S) 按钮，弹出【规划求解结果】对话框，如图9.3-21所示。

图9.3-21

⓲ 单击【确定】按钮，返回工作表，此时即可看到规划求解的结果，如图9.3-22所示。

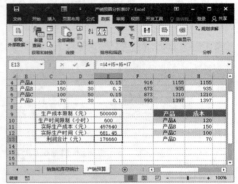

图9.3-22

9.3.3 生成规划求解报告

使用规划求解功能不仅能够得到求解结果，还能够生成运算结果报告、敏感性报告和极限值报告等3种分析报告。

本实例原始文件和最终效果文件请从网盘下载
原始文件\第9章\产销预算分析表08.xlsx
最终效果\第9章\产销预算分析表09.xlsx
扫码看视频

1. 生成运算结果报告

❶ 打开本实例的原始文件，切换到工作表"产销预算"中，切换到【数据】选项卡，在【分析】组中单击 规划求解 按钮，如图9.3-23所示。

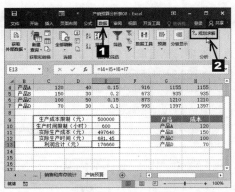

图9.3-23

❷ 弹出【规划求解参数】对话框，保持设置不变，如图9.3-24所示。

图9.3-24

❸ 单击 求解(S) 按钮，弹出【规划求解结果】对话框，在【报告】列表框中选择【运算结果报告】选项，然后勾选【制作报告大纲】复选框，如图9.3-25所示。

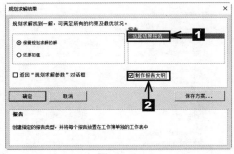

图9.3-25

❹ 单击【确定】按钮，系统会自动创建一个名为"运算结果报告1"的工作表，切换到该工作表，即可看到运算结果报告的具体内容，如图9.3-26所示。

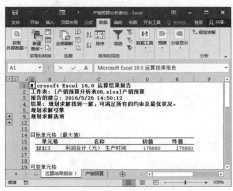

图9.3-26

❺ 由于在【规划求解结果】对话框中勾选了【制作报告大纲】复选框，因此运算结果报告以大纲形式显示（即分级显示），部分详细数据被隐藏了起来。在表格左侧单击 2 按钮，即可将隐藏的详细数据显示出来，如图9.3-27所示。

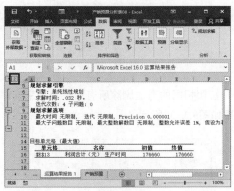

图9.3-27

2. 生成敏感性报告

❶ 切换到工作表"产销预算"中，在【数据】选项卡的【分析】组中单击 规划求解 按钮，弹出【规划求解参数】对话框，在【遵守约束】列表框中选择整数约束条件，例如选择【$H$4=整数】选项，如图9.3-28所示。

图9.3-28

❷ 单击【删除】按钮即可删除该约束条件,效果如图9.3-29所示。

图9.3-29

❸ 按照相同的方法删除所有的整数约束条件,效果如图9.3-30所示。

图9.3-30

❹ 单击 求解(S) 按钮,弹出【规划求解结果】对话框,在【报告】列表框中选择【敏感性报告】选项,然后取消勾选【制作报告大纲】复选框,如图9.3-31所示。

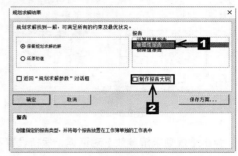

图9.3-31

❺ 单击【确定】按钮,系统会自动创建一个"敏感性报告 1"工作表,切换到该工作表,即可看到敏感性报告的具体内容,如图9.3-32所示。

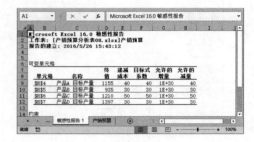

图9.3-32

3. 生成极限值报告

❶ 切换到工作表"产销预算"中,在【数据】选项卡的【分析】组中单击 ?₂规划求解 按钮,弹出【规划求解参数】对话框,如图9.3-33所示。

图9.3-33

❷ 单击 求解(S) 按钮，弹出【规划求解结果】对话框，在【报告】列表框中选择【极限值报告】选项，如图9.3-34所示。

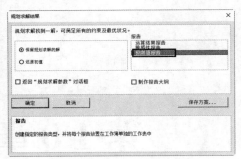

图9.3-34

❸ 单击【确定】按钮，系统会自动创建一个"极限值报告 1"工作表，可以看到极限值报告的具体内容，如图9.3-35所示。

图9.3-35

9.4 常见疑难问题解析

问：公式运算与模拟运算表两者在创建和修改上有何区别？

答：（1）公式一般直接在单元格内建立，如果想用同一个公式运算多个单元格，则使用复制填充的方法即可。如果想修改公式，则直接选中一个具有公式的单元格，在编辑栏中进行修改即可。（2）模拟运算表的运算方式是一次性创建，直接对一个区域内的单元格进行运算，模拟运算表在修改时不能逐个修改，但能通过改变首行或首列的"运算方式"进行修改，也可以通过选定相同的区域，改变引用条件，从而修改模拟运算表。

9.5 课后习题

（1）在销售统计表中，为区域定义名称，并按照定义的名称进行分类合并计算，如图9.5-1所示。

（2）清除之前的计算结果和引用位置，在【合并计算】中按新的引用位置进行合并计算，如图9.5-2所示。

扫码看视频

图9.5-1

图9.5-2

第10章
页面设置与打印

本章内容简介

在工作中，经常需要将设计好的表格打印出来，进行存档或者作为参考资料，因此如何将工作表完整地打印出来，也很重要。下面以"员工工资表"为例介绍如何设置要打印的表单，主要包括设置页面布局、设置打印区域、设置打印标题以及打印设置等。

学完本章我能做什么

通过本章的学习，可以熟练掌握打印设置及打印方法等。

学习目标

▶ 设置页面布局

▶ 设置打印区域和标题

▶ 打印设置

10.1　设置页面布局

设置页面布局包括设置纸张方向和大小、设置页边距以及设置页眉和页脚等。

10.1.1　设置纸张和大小

在默认情况下，页面的纸张方向为纵向，纸张大小为A4，用户可以根据实际需要设置纸张大小和方向。

❶　打开本实例的原始文件，切换到工作表"工资条"，再切换到【页面布局】选项卡，在【页面设置】组中单击【纸张方向】按钮，从弹出的下拉列表中选择纸张的方向，这里选择【横向】选项，如图10.1-1所示。

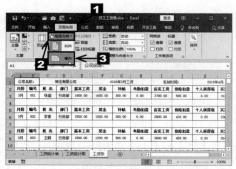

图10.1-1

❷　在【页面设置】组中单击【纸张大小】按钮，从弹出的下拉列表中选择纸张的大小，这里选择【B5】选项，如图10.1-2所示。

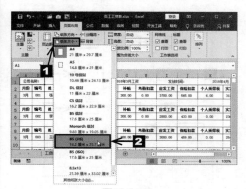

图10.1-2

❸　在【页面设置】组中单击【对话框启动器】按钮，如图10.1-3所示。

图10.1-3

❹　弹出【页面设置】对话框，切换到【页面】选项卡，在这里可以设置纸张方向和纸张大小，还可以设置打印质量和打印范围等。这里保持默认设置，如图10.1-4所示。

图10.1-4

❺　单击【打印预览】按钮，即可预览到设置纸张方向和大小后的打印效果，如图10.1-5所示。

从零开始 ▌ Excel 2016办公应用基础教程

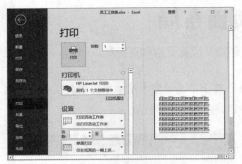

图10.1-5

❻ 单击【下一页】按钮，即可预览下一个页面的打印效果，如图10.1-6所示。

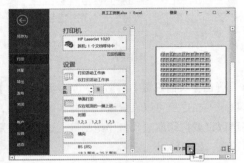

图10.1-6

10.1.2 设置页边距

页边距指页面上打印区域之外的空白区域。

❶ 打开本实例的原始文件，切换到工作表"工资条"，再切换到【页面布局】选项卡，在【页面设置】组中单击【页边距】按钮，从弹出的下拉列表中选择页边距，这里选择【自定义页边距】选项，如图10.1-7所示。

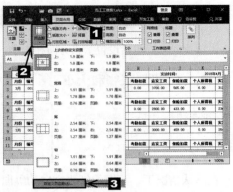

图10.1-7

❷ 弹出【页面设置】对话框，切换到【页边距】选项卡，如图10.1-8所示。

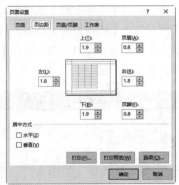

图10.1-8

❸ 在【上】和【下】微调框中均输入"2.5"，在【左】和【右】微调框中均输入"2"，在【页眉】和【页脚】微调框中均输入"1.5"，然后在【居中方式】组合框中勾选【水平】复选框，如图10.1-9所示。

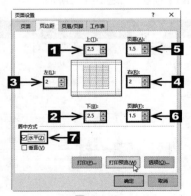

图10.1-9

❹ 单击【打印预览】按钮，即可预览设置页边距后的打印效果，如图10.1-10所示。

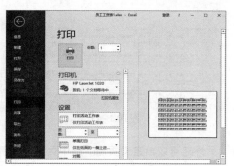

图10.1-10

❺ 单击【显示边距】按钮，此时打印预览界面中会显示出页边距所在位置，如图10.1-11所示。

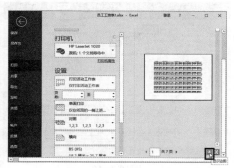

图10.1-11

❻ 将鼠标指针移动到页边距线上，例如移动到页眉边距线上，当鼠标指针变成✛形状时，按住鼠标左键不放，拖动鼠标指针到合适位置，然后释放鼠标左键，即可将页边距调整到当前位置，如图10.1-12所示。

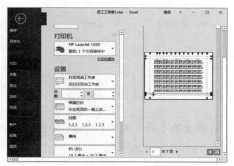

图10.1-12

❼ 切换到工作表的其他选项卡，即可退出打印预览状态，如图10.2-13所示。

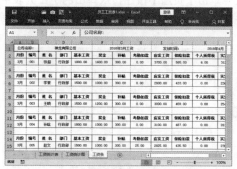

图10.1-13

10.1.3 设置页眉和页脚

页眉是文档顶部显示的信息，主要用于标明名称和标题等内容。页脚是文档底端显示的信息，主要用于显示页码、打印日期和时间等。

本实例原始文件和最终效果文件请从网盘下载
原始文件\第10章\员工工资表2.xlsx
最终效果\第10章\员工工资表2.xlsx

扫码看视频

❶ 打开本实例的原始文件，切换到工作表"工资条"，再切换到【插入】选项卡，在【文本】组中单击【页眉和页脚】按钮，如图10.1-14所示。

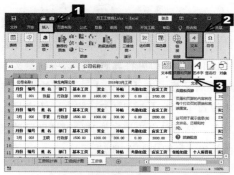

图10.1-14

❷ 进入页眉和页脚的编辑状态，并激活【页眉和页脚工具】的【设计】选项卡。在【页眉和页脚】组中单击【页眉】按钮，从弹出的下拉列表中选择【第1页，工资条】选项，如图10.1-15所示。

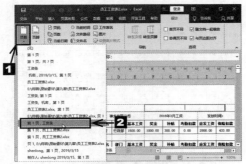

图10.1-15

❸ 随即将选中的内容添加到页眉相应位置，如图10.1-16所示。

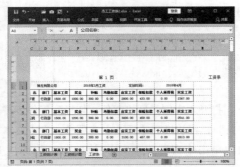

图10.1-16

❹ 此时可以删除添加的页眉，还可以设置页眉的字体格式。选中中间文本框中的页眉元素，按【Delete】键即可将其删除。选中右侧文本框中的页眉元素，在【开始】选项卡的【字体】组中设置【字体】为"华文行楷"，【字号】为"16"，然后单击工作表的其他区域即可看到设置的效果，如图10.1-17所示。

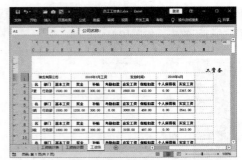

图10.1-17

❺ 另外还可以自定义页眉。选中页眉中左侧的文本框，切换到【页眉和页脚工具】的【设计】选项卡，在【页眉和页脚元素】组中单击【图片】按钮，如图10.1-18所示。

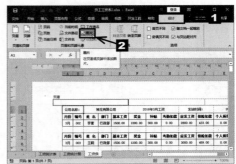

图10.1-18

❻ 弹出【插入图片】对话框，单击【浏览】按钮，如图10.1-19所示。

图10.1-19

❼ 在弹出的【插入图片】对话框中选择要插入的图片，如图10.1-20所示。

图10.1-20

❽ 单击【插入】按钮，即可将图片插入页眉中，此时页眉中显示"&[图片]"字样。在【页眉和页脚元素】组中单击【设置图片格式】按钮，如图10.1-21所示。

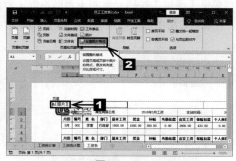

图10.1-21

❾ 弹出【设置图片格式】对话框，切换到【大小】选项卡，在【大小和转角】组合框中的【高度】微调框中输入"0.66厘米"，在【宽度】微调框中输入"1.66厘米"，如图10.1-22所示。

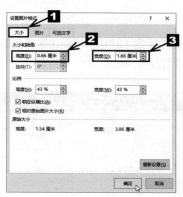

图10.1-22

❿ 单击【确定】按钮，返回工作表，单击页眉之外的其他区域，即可看到页眉中添加的图片效果，如图10.1-23所示。

图10.1-23

⓫ 切换到【页面布局】选项卡，在【页面设置】组中单击【对话框启动器】按钮，弹出【页面设置】对话框。切换到【页眉/页脚】选项卡，在【页脚】下拉列表中选择【第1页，共?页】选项，随即可以预览页脚的设置效果，如图10.1-24所示。

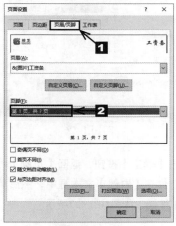

图10.1-24

⓬ 另外还可以自定义页脚。单击【自定义页脚】按钮，弹出【页脚】对话框，在【左】文本框中输入"机密"，然后选中该文本，单击【格式文本】按钮，如图10.1-25所示。

图10.1-25

⑬ 弹出【字体】对话框，在此可以设置文本的字体格式。这里在【字形】列表框中选择【加粗】选项，如图10.1-26所示。

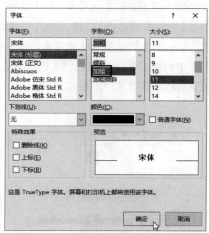

图10.1-26

⑭ 单击【确定】按钮，返回【页脚】对话框，将光标定位在【右部】文本框中，然后单击【插入日期】按钮，如图10.1-27所示。

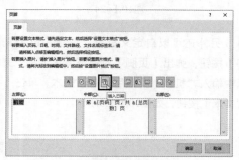

图10.1-27

⑮ 随即将当前系统日期添加到【右部】文本框中，显示为"&[日期]"字样，如图10.1-28所示。

图10.1-28

⑯ 单击【确定】按钮，返回【页面设置】对话框，可看到页脚的设置效果，如图10.1-29所示。

图10.1-29

⑰ 单击【确定】按钮，返回工作表，即可看到页脚的设置效果，如图10.1-30所示。

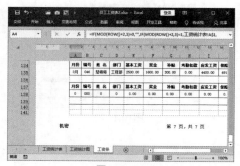

图10.1-30

10.2 课堂实训——设置销售表的页面布局

专业背景

如果想要调整糖果销售表，需要在其页面布局中进行设置。

实训目的

◎ 设置纸张方向和大小

◎ 设置页边距

◎ 设置页眉和页脚

操作思路

❶ 打开本实例的原始文件，切换到【页面布局】选项卡，在【页面设置】组中单击【纸张方向】按钮，从弹出的下拉列表中选择纸张的方向，这里选择【横向】选项，如图10.2-1所示。

图10.2-1

❷ 在【页面设置】组中单击【纸张大小】按钮，从弹出的下拉列表中选择纸张的大小，这里选择【B5】选项，如图10.2-2所示。

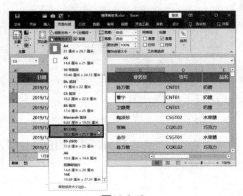

图10.2-2

本实例原始文件和最终效果文件请从网盘下载

原始文件\第10章\糖果销售表

最终效果\第10章\糖果销售表

扫码看视频

❸ 单击【对话框启动器】按钮，弹出【页面设置】对话框，单击【打印预览】按钮，如图10.2-3所示。

图10.2-3

❹ 此时可预览到设置纸张方向和大小后的打印效果，如图10.2-4所示。

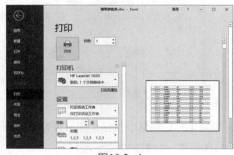

图10.2-4

❺ 返回Excel表格，切换到【页面布局】选项卡，在【页面设置】组中单击【页边距】按钮，从弹出的下拉列表中选择页边距，这里选择【自定义页边距】选项，如图10.2-5所示。

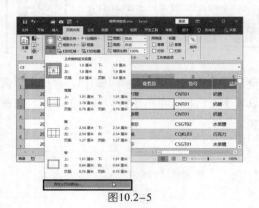

图10.2-5

❻ 弹出【页面设置】对话框，在【页边距】选项卡中调整上、下、左、右微调框中的数值，然后在【居中方式】组合框中勾选【水平】复选框，如图10.2-6所示。

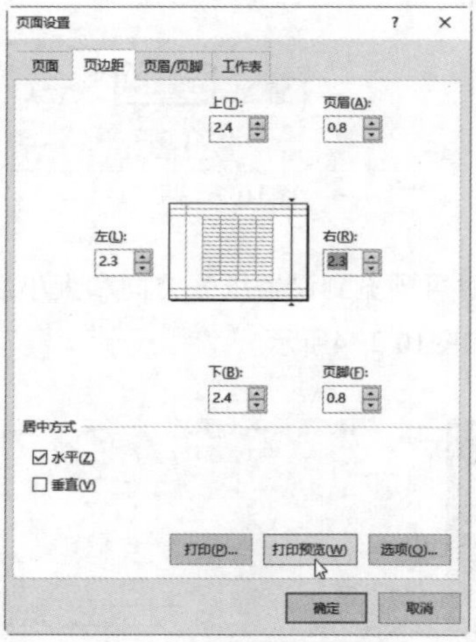

图10.2-6

❼ 单击【打印预览】按钮，即可预览设置页边距的打印效果，如图10.2-7所示。

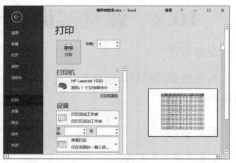

图10.2-7

❽ 返回Excel表格，再切换到【插入】选项卡，在【文本】组中单击【页眉和页脚】按钮，如图10.2-8所示。

图10.2-8

❾ 在【页眉和页脚】组中单击【页眉】按钮，从弹出的下拉列表中选择【第1页，1月销售】选项，如图10.2-9所示。

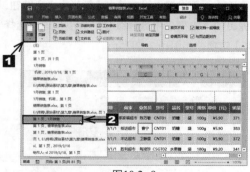

图10.2-9

❿ 可以将选中的内容添加到页眉相应的位置，如图10.2-10所示。

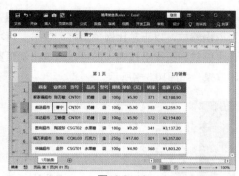

图10.2-10

⓫　选中文本框中的页眉元素，在【开始】选项卡的【字体】组中设置【字体】为"微软雅黑"，【字号】为"16"，然后单击工作表的其他区域即可看到设置的效果，如图10.2-11所示。

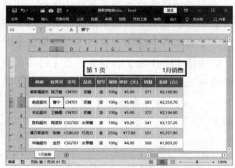

图10.2-11

⓬　选中【页脚】文本框，单击【页脚】按钮，在弹出的列表中选择【第1页，共?页】选项，如图10.2-12所示。

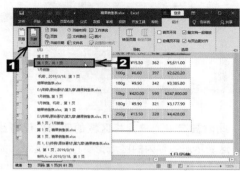

图10.2-12

⓭　插入【页脚】后设置其字体格式，如图10.2-13所示。

图10.2-13

10.3　设置打印区域和标题

除了设置页面布局之外，在打印之前还可以设置打印区域和打印标题。

10.3.1　设置打印区域

本实例原始文件和最终效果文件请从网盘下载
| 原始文件\第10章\员工工资表3.xlsx |
| 最终效果\第10章\员工工资表3.xlsx |

扫码看视频

设置打印区域的方法有两种：一种是打印选定的单元格区域，另一种是隐藏不打印的数据区域。

1.　打印选定的单元格区域

❶　打开本实例的原始文件，切换到工作表"工资条"，选中单元格区域A1:L27，切换到【页面布局】选项卡，在【页面设置】组中单击【打印区域】按钮，从弹出的下拉列表中选择【设置打印区域】选项，如图10.3-1所示。

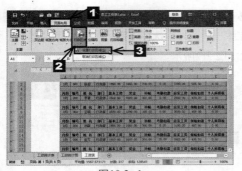

图10.3-1

❷　此时被选中的单元格区域的四周出现虚线框，这表示虚线框内的区域为要打印的区域，如图10.3-2所示。

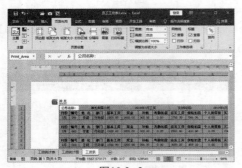

图10.3-2

> 提示：如果要打印的区域为不连续的区域，可以利用【Ctrl】键选中多个单元格区域，然后在【页面设置】组中单击【打印区域】按钮，从弹出的下拉列表中选择【设置打印区域】选项。

❸　单击【文件】按钮，从弹出的下拉菜单中选择【打印】选项，即可预览打印效果，如图10.3-3所示。

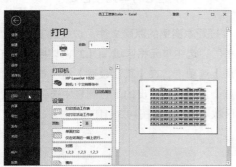

图10.3-3

❹　单击处于选中状态的【缩放到页面】按钮，即可取消缩放，以正常比例预览打印效果。再次单击【缩放到页面】按钮，即可以缩放比例预览打印效果，如图10.3-4所示。

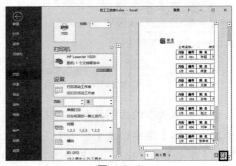

图10.3-4

❺　用户还可以修改或者添加打印区域。切换到【页面布局】选项卡，在【页面设置】组中单击【对话框启动器】按钮，弹出【页面设置】对话框。切换到【工作表】选项卡，在【打印区域】文本框中的单元格区域后面输入英文状态下的逗号"，"，然后单击右侧的【折叠】按钮，如图10.3-5所示。

图10.3-5

❻　弹出【页面设置-打印区域】对话框，选中单元格区域A29:L54，如图10.3-6所示。

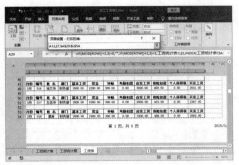

图10.3-6

❼ 还可以按住【Ctrl】键不放，继续选中单元格区域A56:L81、A83:L108、A110:L135及A137:L138，如图10.3-7所示。

图10.3-7

❽ 单击文本框右侧的【展开】按钮，返回【页面设置】对话框，然后单击【确定】按钮，如图10.3-8所示。

图10.3-8

2. 隐藏不打印的数据区域

如果用户不想打印某一部分单元格区域中的数据，可以将其隐藏起来，这样在打印的时候就只打印显示区域中的数据了。

❶ 切换到"工资条"工作表，选中单元格区域A2:L39，在【开始】选项卡的【单元格】组中单击【格式】按钮，从弹出的下拉列表中选择【隐藏和取消隐藏】→【隐藏行】选项，如图10.3-9所示。

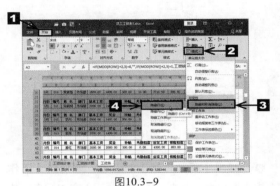

图10.3-9

❷ 可以将选中的单元格区域所在的行隐藏起来，如图10.3-10所示。

图10.3-10

10.3.2 设置打印标题

除了设置打印区域之外，还可以设置打印标题，使打印出的每一页都显示出标题。

本实例原始文件和最终效果文件请从网盘下载

原始文件\第10章\员工工资表4.xlsx

最终效果\第10章\员工工资表4.xlsx

扫码看视频

❶ 打开本实例的原始文件，切换到工作表"工资条"，再切换到【页面布局】选项卡，在【页面设置】组中单击【打印标题】按钮，如图10.3-11所示。

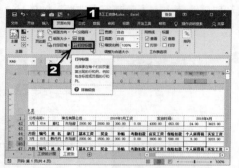

图10.3-11

❷ 弹出【页面设置】对话框，切换到【工作表】选项卡，单击【顶端标题行】文本框右侧的【折叠】按钮，如图10.3-12所示。

图10.3-12

❸ 弹出【页面设置-顶端标题行】对话框，此时鼠标指针变成 ➡ 形状，选中第1行，单击【展开】按钮，如图10.3-13所示。

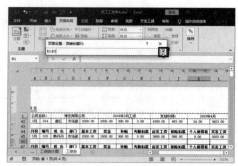

图10.3-13

❹ 返回【页面设置】对话框，单击【打印预览】按钮，如图10.3-14所示。

图10.3-14

❺ 此时可预览打印效果，在【当前页面】文本框中输入"3"，按【Enter】键即可预览第3页的打印效果，此时可以在页面顶端看到设置的标题行，如图10.3-15所示。

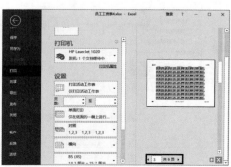

图10.3-15

10.4　课堂实训——设置工资表的打印标题

通过10.3节的学习，我们来练习打印工资表标题的具体方法。

专业背景

在打印工资表时，可能会遇到打印出来的工资表不带标题的情况，这时可以在【页面布局】中进行设置。

实训目的

◎　掌握设置打印标题

操作思路

❶　打开原始文件，切换到"工资明细表"，切换到【页面布局】选项卡，在【页面布局】组中单击【打印标题】按钮，如图10.4-1所示。

图10.4-1

❷　弹出【页面设置】对话框，切换到【工作表】选项卡，在【打印标题】组合框中单击【顶端标题行】文本框右侧的【折叠】按钮，如图10.4-2所示。

图10.4-2

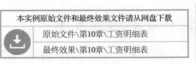

本实例原始文件和最终效果文件请从网盘下载

原始文件\第10章\工资明细表

最终效果\第10章\工资明细表

扫码看视频

❸　在工作表中选中第2行，如图10.4-3所示。

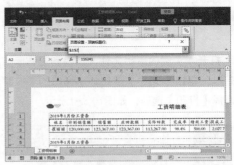

图10.4-3

❹　单击【展开】按钮，返回【页面设置】对话框，此时可以看到被选中的行已经添加到【顶端标题行】文本框中。设置完毕，单击【确定】按钮即可，如图10.4-4所示。

图10.4-4

10.5　打印设置

设置了页面布局、打印区域和打印标题之后，还需要进行打印设置，主要包括设置打印份数、打印内容和打印范围等。

10.5.1　打印活动工作表

用户除了打印部分单元格中的内容外，还可以打印当前活动工作表。

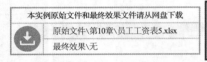

本实例原始文件和最终效果文件请从网盘下载
原始文件\第10章\员工工资表5.xlsx
最终效果\无

扫码看视频

❶　打开本实例的原始文件，切换到工作表"工资条"，单击【文件】按钮，从弹出的下拉菜单中选择【打印】选项，如图10.5-1所示。

图10.5-1

❷　弹出打印界面。默认情况下，【份数】微调框中显示为"1"，打印内容自动选择【打印活动工作表】选项，打印范围为工作表中的全部数据，如图10.5-2所示。

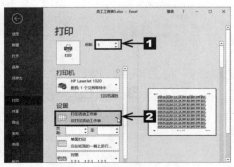

图10.5-2

❸　如果不想打印全部数据，只打印当前活动工作表的第2页到第3页的数据，可以在【页数】微调框中输入打印范围的起始页码"2"，在【至】微调框中输入打印范围的终止页码"3"，然后单击【打印】按钮，如图10.5-3所示。

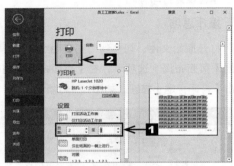

图10.5-3

10.5.2　打印整个工作簿

用户除了打印部分单元格中的内容外，还可以打印整个工作簿。

本实例原始文件和最终效果文件请从网盘下载
原始文件\第10章\员工工资表5.xlsx
最终效果\无

扫码看视频

❶　打开本实例的原始文件，单击【文件】按钮，从弹出的下拉菜单中选择【打印】选项，打印内容选择【打印整个工作簿】选项，如图10.5-4所示。

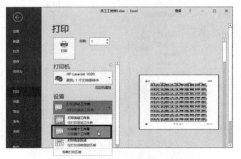

图10.5-4

❷　预览整个工作簿的打印效果，如图10.5-5所示。

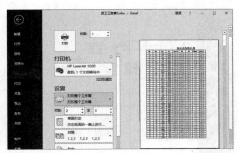

图10.5-5

❸　单击【下一页】按钮▶，预览下一个页面的打印效果，如图10.5-6所示。

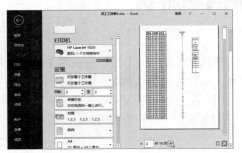

图10.5-6

❹　继续单击【下一页】按钮，预览每一个页面的打印效果。如果对打印效果比较满意，就可以进行打印设置，准备打印了。这里在【份数】微调框中输入"2"，即打印两份，然后单击【打印】按钮即可，如图10.5-7所示。

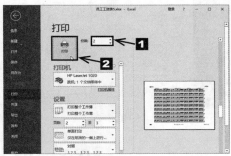

图10.5-7

10.6　课堂实训——打印常用表单工作簿

通过10.5的学习，我们来练习打印常用表单工作簿的具体方法。

专业背景

为了方便查看常用表单工作簿，我们可以将其打印出来。

实训目的

◎　设置打印表单

操作思路

❶　打开本实例的原始文件，单击【文件】按钮，在弹出的下拉菜单中选择【打印】选项，打印内容选择【打印整个工作簿】选项，如图10.6-1所示。

本实例原始文件和最终效果文件请从网盘下载
原始文件\第10章\办公室采购清单
最终效果\无

扫码看视频

图10.6-1

❷ 预览整个工作簿的打印效果，如图10.6-2所示。

❸ 在【份数】微调框中输入"2"，即打印两份，单击【打印】按钮即可，如图10.6-3所示。

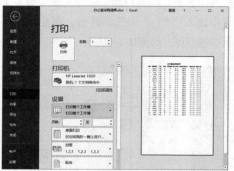

图10.6-2

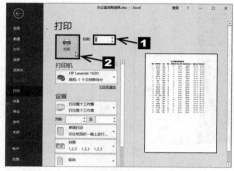

图10.6-3

10.7　常见疑难问题解析

问：怎样使用【视图管理器】打印不连续区域？

答：（1）选中需要打印的数据区域，切换到【视图】选项卡，在【工作簿视图】组中单击【自定义视图】按钮。（2）弹出【视图管理器】对话框，单击【添加】按钮；弹出【添加视图】对话框，在【名称】文本框中输入"打印"，单击【确定】按钮；操作完成后，再次打开【视图管理器】对话框，即可在【视图】列表框中看到新增了一个设置好的"打印"视图项。

10.8　课后习题

（1）设置页面的页边距，设置如图10.8-1所示。

（2）为页面增加页眉和页脚，如图10.8-2所示。

扫码看视频

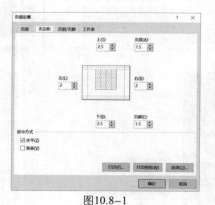

图10.8-1

图10.8-2